Luiz Henrique Campos de Almeida

Um novo método para avaliar o potássio em tecidos vegetais

Luiz Henrique Campos de Almeida

Um novo método para avaliar o potássio em tecidos vegetais

ScienciaScripts

Cover image: www.ingimage.com

This book is a translation from the original published under ISBN 978-3-659-89106-9.

Publisher:
Sciencia Scripts
is a trademark of
Dodo Books Indian Ocean Ltd. and OmniScriptum S.R.L publishing group

120 High Road, East Finchley, London, N2 9ED, United Kingdom
Str. Armeneasca 28/1, office 1, Chisinau MD-2012, Republic of Moldova, Europe
Managing Directors: Ieva Konstantinova, Victoria Ursu
info@omniscriptum.com

Printed at: see last page
ISBN: 978-620-8-58933-2

LUIZ HENRIQUE CAMPOS DE ALMEIDA

UM NOVO MÉTODO PARA AVALIAR O POTÁSSIO NOS TECIDOS VEGETAIS.

Londrina
2016

"Fica com fome, fica tolo"
Steve Jobs

ALMEIDA, Luiz Henrique Campos. **UM NOVO MÉTODO PARA AVALIAR O POTÁSSIO EM TECIDOS VEGETAIS.** 2016. 53 Pg. Universidade Estadual de Londrina, Londrina, 2016.

RESUMO

A análise do conteúdo disponibilizado às plantas e sua relação com o que está presente no tecido vegetal, são ótimas alternativas para o manejo adequado do esterco, porém os métodos utilizados atualmente, são caros e demorados. Este trabalho teve como objetivo implementar uma nova metodologia para sua determinação e assim desenvolver uma correlação com o método convencional. Avaliou-se também a influência do aumento das doses de K na produção, desenvolvimento das plantas e relação com os demais nutrientes. Para o estudo foram utilizados dois experimentos com tomateiro fertirrigado com cinco diferentes doses de potássio, cultivados em casa de vegetação e analisados de acordo com a metodologia desenvolvida. Nos experimentos foram avaliados a produtividade, a condutividade elétrica iluvial e o teor nutricional no fruto e na folha imediatamente acima de cada cacho. O potássio foi analisado pela metodologia convencional e novos testes para efeito de comparação. Os valores foram submetidos à análise de regressão polinomial de segundo grau e também a correlação. Os resultados mostraram que o aumento dos níveis de potássio influenciou significativamente a produtividade, a condutividade elétrica ilustrada e os teores de K. Após a comparação entre os dois métodos chegou-se a uma relação onde a leitura pelo método convencional é 20,085 vezes maior que os valores apresentados pela leitura sem digestão na seiva do fruto e 9,6857 na seiva do pecíolo da folha. A nova metodologia mostrou-se capaz de substituir a convencional de forma rápida, barata e eficaz. O aumento dos níveis de potássio influenciou significativamente na condutividade elétrica ilustrada, na produtividade e no teor nutricional do tecido vegetal.

Palavras-chave: Tomate. Metodologia. Análise. digestão nítrico-perclórica. *Lycopersicon esculentum* Mill.

SUMÁRIO

1 INTRODUÇÃO.....5

2 REVISÃO DA LITERATURA.....7

3 MATERIAL E MÉTODOS.....17

4 RESULTADOS E DISCUSSÃO.....22

5 CONCLUSÕES.....42

6 REFERÊNCIAS.....43

1 INTRODUÇÃO

O potássio (K) é um dos nutrientes mais requeridos pelas plantas, sendo responsável pela abertura estomática, que está relacionada com a fotossíntese e, consequentemente, com a síntese de fotoassimilados, além de atuar como ativador enzimático (Taiz; Zeiger 2013).

No caso do tomateiro, o K é o nutriente mais requerido pela planta (180 mg dm^{-3} (Almeida et al, 2015), principalmente após o início da estação reprodutiva (Faquin, 2001), onde se torna importante nutriente de translocação de fotoassimilados, principalmente para os frutos, interferindo no seu teor de açúcares e na síntese do pigmento licopeno (Marshner, 2011).

Perante as dificuldades que a produção de tomate enfrenta, como os baixos preços, a elevada concorrência, as pragas e as doenças, são necessárias alternativas para aumentar a rentabilidade.

O cultivo, em estufa, em substratos com fertirrigação tornou-se viável para aumentar a produtividade e a qualidade dos frutos. No entanto são técnicas dispendiosas que dependem de muita atenção e tempo. No caso da fertirrigação alerta-se para a condutividade eléctrica da solução nutritiva, e para o teor de cada nutriente de acordo com o desenvolvimento da planta.

Buscando acompanhar melhor o desenvolvimento das plantas e sua nutrição, a avaliação dos teores de nutrientes nas folhas e frutos, comparados com os teores disponíveis para absorção, pode, principalmente no caso de culturas fertirrigadas, determinar qual nutriente deve ter sua concentração manejada para se obter melhor produtividade (Braga, 2010).

Existem alguns aparelhos no mercado que estimam o teor de potássio presente na planta através do líquido extraído principalmente do pecíolo, mas são imprecisos e, em alguns casos, levam a erros maiores que os acertos. O método mais viável para essa determinação é a extração posterior da folha, que é seca, triturada e depois digerida com uma solução de ácido nítrico e perclórico, com base na metodologia desenvolvida por Battaglia et al. (1983). Este método, apesar de mais preciso, demanda mais tempo, trabalho e custo.

Com o objetivo de buscar uma alternativa que possibilite a leitura do potássio na planta de forma a esclarecer seu teor de forma rápida e econômica foi elaborado para este trabalho uma leitura direta deste nutriente, sem passar por nenhum processo de digestão, pois somente no caso deste elemento, não há formação de ligações moleculares dentro da planta, restando a forma iônica (Taiz e Zeiger, 2013), que é de fácil leitura em um fotômetro de chama. O objetivo foi determinar o teor de K em frutos e folhas de tomateiro através de leitura direta sem digestão, e assim desenvolver uma correlação com o método convencional e também avaliar a influência dos teores de K na produção e desenvolvimento da planta.

2 REVISÃO DA LITERATURA

2.1 TOMATE

O tomateiro (Lycopersicon esculentum Mill) é uma Solanácea, de caule flexível, piloso, cuja arquitetura natural se assemelha a um arbusto, com abundante ramificação lateral. Esta arquitetura pode ser profundamente modificada pela poda, condicionando o tipo de cultivo (FILGUEIRA; 2000)

A arquitetura do tomate caracteriza-se por dois tipos de hábito de crescimento. O tipo indeterminado ocorre na maioria das cultivares destinadas à produção de frutos para a mesa, que são cultivados verticalmente e podados, cujo caule pode ultrapassar dois metros de altura. O hábito de crescimento determinado é caraterístico de cultivares adaptadas, especialmente para a cultura rasteira, cujos frutos são destinados à agroindústria e suas hastes atingem cerca de um metro de altura (FONTES; SILVA, 2005).

É originária da América do Sul, entre o Equador e o norte do Chile, onde muitas espécies se encontram desde a costa do Pacífico até uma altitude de 2000 metros nos Andes. Portanto, é uma planta tropical de altitude que se adapta a quase todos os tipos de clima, não tolerando temperaturas extremas (LOPES; STRIPARI, 1998).

É uma espécie olerácea cultivada em todo o mundo. Foi levada para a Europa pelos espanhóis no século XVI, e inicialmente cultivada como planta ornamental em jardins da Espanha, Itália e Inglaterra, de onde se espalhou para outras regiões do mundo (ALVARENGA, 2004).

Foi introduzido no Brasil em 1940, provavelmente por imigrantes europeus, e atualmente é uma das hortaliças cultivadas no país. O maior produtor mundial de tomate é a China, seguida pelos Estados Unidos, Itália, Turquia e Egito, entre outros (AGRIANUAL, 2014).

Atualmente, o Brasil ocupa a sexta posição no ranking mundial de produção, com 3,8 milhões de toneladas, plantadas em uma área de 58,7 mil hectares (AGRIANUAL, 2014).

2.2 ASPECTOS NUTRICIONAIS DO TOMATE

O tomateiro é considerado uma das hortaliças mais exigentes em nutrientes e responde a altas doses de adubos químicos (FONTES; SILVA, 2002).

Os teores de nutrientes no tomate mudam de acordo com o desenvolvimento da cultura, o que é importante para a tomada de decisões sobre a aplicação racional de fertilizantes (HAAG et al., 1978). A quantidade de nutrientes absorvida pelo tomateiro durante o ciclo depende da temperatura do ar e do solo, da luz, da umidade relativa, entre outros (PAPADOPULOS, 1991).

Huber (1980) salienta que a presença de um nutriente no solo não implica necessariamente a sua disponibilidade para ser absorvido pela planta, uma vez que esta é função da quantidade, forma e solubilidade, capacidade de assimilação e condições ambientais como o pH, a humidade e a temperatura.

A absorção de nutrientes dos tomates em estufa pode variar consoante a cultivar, a idade e a parte da planta. Os macronutrientes essenciais absorvidos em ordem decrescente são: K, N, Ca, S, P e Mg (GARGANTINI; BLANCO, 1963). Entre os micronutrientes, o acúmulo na parte aérea, em ordem decrescente, é representado por Cu, Mn, Fe e Zn (FAYAD et al., 2002).

Ainda segundo Gargantini e Blanco (1963), a absorção de N, K, Mg e S atingiu o máximo no período de 100-120 dias após a emergência das plântulas, enquanto Ca e P foram absorvidos durante todo o ciclo da cultura.

Fayad et al. (2002) observaram que o K e o N são os elementos retidos pelo híbrido EF-50, entre 35 e 91 dias após o transplantio, período de maior acúmulo, que absorve 75,0% do K e 73,5% do N durante todo o ciclo.

Os efeitos dos nutrientes minerais no crescimento e na produção são geralmente estudados em termos das suas funções no metabolismo das plantas. Além disso, a nutrição mineral também pode afetar o crescimento e a produção de plantas cultivadas secundariamente, causando mudanças na forma de crescimento, morfologia, anatomia e sua composição química. Os nutrientes minerais podem influenciar os teores de alguns compostos orgânicos nas plantas, devido à influência sobre os processos bioquímicos ou fisiológicos, como a atividade fotossintética e a taxa de translocação de assimilados (FERREIRA et al., 2006).

O efeito dos macronutrientes no tomateiro, o azoto (N) contribui para o crescimento vegetativo, é essencial para a formação de proteínas, ácidos nucleicos, alcalóides e clorofila, bem como de muitas hormonas, vitaminas e enzimas. Quando utilizado em excesso forma frutos ocos e podridão floral (GUIMARÀES, 1998); mas quando em níveis deficientes causa atraso no crescimento das plantas, as folhas mais velhas tornam-se verde-amareladas, os botões florais ficam amarelos e caem (FURLANI, 2004).

O fósforo (P) é um constituinte da estrutura molecular dos ácidos nucleicos (ADN e ARN), que são importantes no armazenamento e transferência da informação genética. O fosfato forma uma ponte entre unidades de ribonucleósidos para formar macromoléculas, forma ligação diéster abundante nos fosfolípidos da biomembrana, formando uma ponte entre um diglicérido e outras moléculas (aminoácido, amina ou álcool). Favorece o sistema radicular, estimula o engrossamento do caule, promove a abundância de floração, estimula a frutificação, aumenta a produtividade, aumenta o tamanho dos frutos, a precocidade e o período de colheita. A deficiência de P resulta em redução da taxa de crescimento, com folhas velhas adquirindo coloração arroxeada (FILGUEIRA, 2003).

O potássio (K) também atua na síntese de carotenóides, principalmente o licopeno, responsável pela cor vermelha do fruto e também na biossíntese de açúcares e proteínas, ácidos orgânicos, vitamina C e sólidos solúveis, na translocação de açúcares para os frutos, principalmente no final da maturação (SMART et al., 1985; JOHJIMA, 1994).

O K é o nutriente mais extraído pelo tomateiro, e possibilita caules mais lenhosos e robustos, aumenta a resistência a certas doenças, mas quando aplicado em excesso desequilibra a relação com outros nutrientes podendo levar a podridão apical (FILGUEIRA, 2003).

Quando são deficientes os níveis de K, o crescimento é lento, as folhas apresentam amarelecimento nas bordas, progredindo para o marrom com lesões necróticas, afetando também a produtividade, pois acarreta queda de novos frutos (TAIZ; ZEIGER, 2013).

O uso de nutrição mineral adequada, através da adubação com níveis ótimos, é ambientalmente sustentável, com enorme potencial para reduzir o uso de agrotóxicos e aumentar a produtividade através de uma nutrição mais equilibrada e fisiologicamente mais eficiente, o que significa plantas mais produtivas, menos atacadas por pragas e doenças e mais vigorosas, além da preservação da saúde humana (SANTOS, 2008).

Silva (1999) exemplifica os teores óptimos, nas folhas de tomateiro, com os seguintes teores de macronutrientes em (g kg^{-1}): 40-60 C; 4-8 R; 30-50 K; 14-40 Ca; Mg 4-8; e 3-10 S. Em relação aos micronutrientes, os teores ótimos de (mg kg^{-1}) são: 30-100 B; 5-15 Cu; 100-300 Fe; 50-250 Mn; 0,4-0,8 Mo; e 30-100 Zn.

Até ao início da floração, a planta absorve menos de 10% dos nutrientes que serão acumulados durante o ciclo. Na altura da floração e da frutificação (55 a 120 dias), o tomate absorve maiores quantidades de nutrientes. Durante este período, as concentrações de N, P, K e Cu são maiores nos frutos e Ca, Mg, S, B e Mn são maiores nas folhas (WARD, 1967; FERNANDES et al, 1975; HALBROOKS; WILCOX, 1980). No entanto, os estudos citados foram realizados em condições diferentes entre si, o que resultou em diferenças significativas nas quantidades de nutrientes absorvidos e sua alocação em vários órgãos (FAYAD et al., 2002).

2.3 POTÁSSIO (K)

O K é um elemento alcalino, de número atómico 19 e peso atómico 39,0983. É um dos metais mais reactivos e electro-positivos e o segundo mais leve depois do lítio. Os melhores minerais K, formadores de minerais são a silvite, a carnalite e o KCl, duplo cloreto de potássio e magnésio hidratado (KMgCl3.6H2O). O minério silvinita é uma mistura de halita (NaCl) e silvita (KCl) (NASCIMENTO; MONTE; LOUREIRO, 2008).

É o terceiro nutriente essencial de importância entre os macronutrientes primários, para a maioria das plantas, mas não é comum encontrá-lo em situação de deficiência severa, exceto em solos derivados de pellets de quartzo (KIST, 2005).

Este elemento é um dos dez mais abundantes na Terra e ocorre na natureza apenas sob a forma de compostos, que podem ser encontrados nos minerais e na água salgada. Além dos minérios formados por cloretos e sulfatos, o potássio está presente em teores diferentes de 10% e em muitos outros com valores de 2% a 10%. Com o tempo o intemperismo provoca uma mudança química gerando compostos de K (NASCIMENTO; MONTE; LOUREIRO, 2008).

O K no solo é encontrado em várias formas, sendo que algumas estão disponíveis para as plantas e outras não. Essas formas podem ser classificadas de acordo com sua disponibilidade em estrutural, trocável, não trocável e em solução (ERNANI; JAIME; SANTOS, 2007). O potássio estrutural faz parte dos minerais primários e secundários estando contido em suas estruturas. O não trocável é o teor extraído do solo através de uma solução fervente de ácido nítrico, menos o extraído pelo acetato de amônio (K trocável), que é uma parcela que pode se tornar disponível a médio prazo (VILLA; FERNANDES; FAQUIN 2004).

O potássio trocável é o que está adsorvido às cargas negativas do solo, sendo de vital importância, pois repõe o potássio da solução que foi absorvido pelas plantas, e o potássio em solução é aquele contido na água do solo, juntamente com outros elementos minerais dissolvidos e compostos orgânicos. Essa fração está prontamente disponível para as plantas e depende muito da composição do solo e da sua capacidade e velocidade de reposição através do potássio trocável (ERNANI; JAIME; SANTOS, 2007).

O aumento da produção agrícola e consequente utilização do K na agricultura, aliado ao seu crescente aumento de preço, mostra previsões sobre a demanda por fertilizantes que forneçam esse nutriente (MARTINS et al. 2008). Além disso, a importação de até 92% das necessidades nacionais estimulou o desenvolvimento de pesquisas sobre fontes alternativas para a produção de fertilizantes potássicos (NASCIMENTO; MONTE; LOUREIRO, 2008).

Nesse sentido, rochas ou minerais que possuem altos teores de potássio (maiores que 6% de K_2O) podem ser potenciais fontes alternativas para a produção de sais de potássio, termofosfatos de potássio ou para aplicação direta nos solos e fertilizantes de liberação lenta de K (NASCIMENTO; LAPIDO-LOUREIRO, 2004). Cerca de 95% da produção mundial de potássio é utilizada na fabricação de fertilizantes, destes, 90% são para a fabricação de cloreto de potássio (KCl) e 5% para a produção de sulfato de potássio (K_2SO_4) (MARTINS et al. , 2008).

2.3.1 Potássio na planta

O suprimento de K nas raízes é basicamente o mecanismo por difusão e fluxo de massa, havendo também um pequeno suprimento por intercetação radicular. Embora a absorção de nutrientes seja governada por interações que ocorrem na interface solo e raiz, o transporte de K do solo para as raízes ocorre principalmente via difusão na solução do solo, processo realizado pelo gradiente de concentração de K^+ através da superfície da raiz e do solo circundante (BARBER, 1985; HENSINGER, 1998; ZENG; BROWN, 2000).

O ambiente e o genótipo influenciam a absorção de K, ou seja, vários factores internos e externos podem fazer com que as folhas e as raízes absorvam maiores ou menores quantidades de potássio. Os factores internos são: concentração, hidratos de carbono, crescimento e morfologia radicular, capacidade de absorção de água e variedade. Os factores externos são a concentração de potássio, cálcio, magnésio e sódio na solução, a tensão de O_2, a temperatura e a humidade (MALAVOLTA, 2005).

Mello et al. (1989) relataram que o K está presente na forma iônica na célula e na seiva, ou, está adsorvido às proteínas do protoplasma. É o cátion mais abundante presente no citoplasma das células vegetais e ocupa o segundo lugar em quantidade extraída pela maioria das plantas, participando da translocação de carboidratos que são sintetizados na fotossíntese, síntese de proteínas e ativação enzimática. Em casos de deficiência, algumas plantas começam a acumular hidratos de carbono solúveis e reduzem a acumulação de amido e de compostos azotados. É absorvido como K+, não sofrendo alterações em sua forma nas plantas e é caracterizado pela alta mobilidade dentro das células e tecidos, como xilema e floema (MARSCHNER, 2011). Devido a essa mobilidade, o K é facilmente perdido pelas folhas e raízes, e o teor desse nutriente na planta diminui com o avanço da idade da planta (MELLO, 1989).Este nutriente mineral não possui qualquer função estrutural no metabolismo das plantas, contribuindo grandemente para a manutenção do potencial osmótico das células e tecidos. Actua como ativador enzimático e como neutralizador de macromoléculas aniónicas (MARSCHNER, 2011; EPSTEIN;BLOOM, 2006). As suas funções são muito específicas, uma vez que só parcialmente podem ser substituídas por outros catiões (BATAGLIA, 2005).Em relação às enzimas, o K é essencial para a ativação de mais de 60 enzimas. Esse elemento não participa da estrutura das enzimas, provavelmente controla a atividade enzimática por induzir mudança conformacional na molécula da proteína, ao interferir no seu grau de hidratação. Dentre essas enzimas, as mais proeminentes são: piruvato quinase, H+ -ATPase e amido sintase. Além disso, o K está diretamente envolvido na síntese de proteínas e é potencialmente essencial para a ligação do tRNA aos ribossomos (MARSCHNER, 2011).É também o principal catião envolvido no sistema de controlo do movimento dos estomas, em que a abertura dos estomas é precedida por uma diminuição do pH do apoplasto das células-guarda e pela acumulação de K nos vacúolos. Assim, há uma elevada taxa de iões através da membrana, sendo os canais a via principal. Como os estômatos são importantes na regulação da perda de água pelas plantas, o K auxilia na redução da perda de água e no aumento da tolerância à seca, ativa a catálise biológica de enzimas e promove o metabolismo do N e a síntese de proteínas (MARSCHNER, 2011).Plantas com níveis adequados de potássio têm o número e o tamanho dos estômatos por unidade de área foliar aumentados, facilitando as trocas gasosas nos tecidos. O mecanismo de abertura e fechamento estomático é dependente do fluxo de potássio nas células-guarda e, portanto, plantas deficientes podem ter suas respostas estomáticas alteradas (MORAES et al., 2006).

É de fundamental importância para o desenvolvimento do fruto, translocação de metais e equilíbrio iónico. Tudo isso o torna um macronutriente responsável por produtos de boa qualidade e alta produtividade (LOPES-ASSAD et al., 2006).O K interfere no processo fotossintético por ser o principal catião a fazer o equilíbrio de cargas eléctricas no fluxo de protões através da membrana do tilacoide, para a formação do gradiente de pH necessário à fosforilação do ATP. Além disso, o K é o ativador da enzima carboxilase e da ribulose bifosfato (Rubisco), que catalisa a ligação da molécula de CO_2 à ribulose bifosfato. Por fim, é essencial para a manutenção estrutural dos cloroplastídeos (MARSCHNER, 2011).A adubação adequada com este nutriente proporciona uma minimização do efeito negativo do déficit hídrico, pois o K influencia a abertura e o fechamento dos estômatos nas folhas, mantendo, durante os períodos de seca, mais água em seus tecidos do que as plantas que não receberam K (NEIVA, 1977).Barbosa Filho (1987) relata que o K está ligado ao aumento da capacidade de transporte do floema, bem como à resistência ao acamamento, que está relacionada à espessura da parede celular e ao grau de silicificação das células epidérmicas.

Martin (1989) também verificou que o K se desloca no floema da folha para outros órgãos com alta demanda de assimilados, como em áreas de crescimento ou armazenamento (frutos e grãos de diversas culturas, colmos de cana-de-açúcar, tubérculos, raízes de mandioca), fazendo-o junto com os produtos fotossintéticos. Redistribuição ou translocação da folha para outros órgãos, como folha mais velha para mais folha nova para o fruto, etc; É facilmente evidenciada pela ocorrência de sintomas de deficiência.

O primeiro sintoma visível da deficiência de potássio é a clorose em manchas ou nas margens das folhas, evoluindo para necrose, principalmente no ápice foliar, margens e entre nervuras, estendendo-se posteriormente em direção à base. Como o K pode ser remobilizado para as folhas mais jovens, esses sintomas aparecem inicialmente nas folhas maduras da base da planta. As folhas podem se curvar para baixo e o caule deficiente em K é pequeno e fraco, com regiões internodais anormalmente curtas, levando ao tombamento da planta (AMARAL; LAGE, 2010).

O K é importante na produção de tomate, batata, cana-de-açúcar, beterraba, uva, frutas, cereais, coco, cacau e borracha, principalmente por seu papel na síntese e translocação de açúcares (VAN STRAATEN, 2007).

2.4 MÉTODO DE DETERMINAÇÃO DO POTÁSSIO EM PLANTAS

De acordo com Carmo et al. (2000) a metodologia técnica para determinação de K em tecido vegetal consiste na obtenção da amostra no campo, onde, a mesma deve ser preparada, acondicionada e levada ao laboratório. Se o tempo entre a recolha e a chegada ao laboratório for superior a 24 horas, as amostras devem ser colocadas em sacos de plástico e colocadas no frigorífico. No laboratório, os espécimes lavados devem ser secos em estufa de circulação forçada, com temperaturas que variam de 65-70ºC até peso constante (aproximadamente 72 h). A secagem é necessária para retirar a água dos tecidos, interrompendo assim a respiração e as atividades microbiológicas e enzimáticas responsáveis pelo processo de decomposição do material (MALAVOLTA; VITTI; OLIVEIRA, 1989).

A moagem da amostra seca é normalmente feita em moinhos de facas de aço inoxidável, Willey, passando por uma peneira de um milímetro de malha. A limpeza do moinho entre uma amostra e outra é necessária para evitar contaminação. O armazenamento das amostras moídas, geralmente, é feito em recipientes de vidro com tampa plástica. Dessa forma, a amostra pode ser armazenada por longo período se for mantida em baixa temperatura (4°C), protegida da luz e da umidade (SILVA, 1999).

A análise química de amostra seca de tecido vegetal refere-se a operações realizadas em laboratório e inclui a mineralização ou destruição da matéria orgânica e a quantificação dos elementos químicos que a compõem. Deve-se iniciar com a extração dos elementos orgânicos adsorvidos, onde o principal tipo de extração no caso da análise de K é a digestão ácida a quente, denominada de nítrico-perclórica (BATAGLIA et al., 1983).

Trata-se de passar 500 miligramas de material seco e triturado para o tubo de digestão, adicionar até 6 ml de uma mistura de HNO_3 e $HClO_4$ numa proporção de 2/1 (v/v), levar ao bloco digestor, numa capela, até 160°C e deixar a esta temperatura até que o seu volume seja reduzido a metade. Aumenta-se a temperatura para 210°C e permanece-se a esta temperatura até que o extrato apresente-se incolor (cerca de 20 minutos). Após atingir a temperatura ambiente, o extrato é transferido para um balão volumétrico de 50 ml com água deionizada para porções volumétricas de balões (MALAVOLTA; VITTI; OLIVEIRA, 1997).

A determinação do teor de potássio baseia-se na atomização das partículas da solução através da projeção da solução sobre uma chama. Há uma excitação dos átomos, isto é, o movimento dos electrões para níveis de energia mais elevados; quando os átomos voltam ao nível de energia normal, há a emissão de energia absorvida sob a forma de radiação. Os átomos excitados do nutriente potássio emitem luz em determinados comprimentos de onda caraterísticos deste elemento (entre 766 e 767nm para o K). Como a intensidade da luz emitida por cada nutriente depende da concentração dos seus átomos, a medida permite uma determinação quantitativa (CARMO et al., 2000).

Uma descrição mais pormenorizada dos métodos utilizados na análise química pode ser encontrada em diversa literatura (BATAGLIA et al, 1983;. MALAVOLTA; VITTI; OLIVEIRA, 1997; MILLS E JONES JUNIOR, 1996; SARRUGE; FAAH, 1974; SILVA, 1999).

O teor de K na seiva também pode ser determinado por fitas de teste como realizado por Coltman e Riede (1992) ou por microeletrodo portátil como realizado por Taber e Lawson (2007), além do método convencional por digestão com ácido nítrico-perclórico.

3 MATERIAL E MÉTODOS

3.1 Metodologia

Primeiramente foi estudada a melhor metodologia para a extração da seiva do fruto e da folha do tomateiro. Foram utilizados frutos de diferentes estágios de maturação, além das folhas logo acima dos cachos onde esses frutos foram coletados, a fim de se chegar à melhor forma de extração e sua melhor diluição para leitura direta em fotômetro de chama.

Chegou-se à conclusão de que o melhor método a utilizar seria espremer ligeiramente os frutos cortados ao meio para recolher apenas a sua seiva, que era recolhida num tubo de ensaio e depois filtrada, deixada decantar no próprio tubo, ou recolhida para diluição e análise imediata.

Dos três métodos de extração, a escolha recaiu sobre o tubo decantado por não apresentar valores diferentes dos restantes e revelou-se o método mais prático. A diluição foi determinada após várias tentativas para não ultrapassar o último ponto de leitura do fotómetro (100 ppm). Para a extração do pecíolo foi necessária uma grande pressão sobre o mesmo devido à sua consistência, neste caso com a ajuda de um alicate. Para a diluição, tanto do fruto como do pecíolo, a melhor abordagem foi recolher o extrato e diluir 0,1 ml em 19,9 ml de água desionizada e posteriormente efetuar a leitura direta num fotómetro de chama.

3.2 Materiais vegetais

Para a análise dos níveis de teste de K e da nova metodologia, utilizamos dois experimentos realizados em uma estufa, tipo arco, com 6 metros de largura, 30 metros de comprimento, 3 metros de altura e polietileno transparente 15 e as amostras analisadas no Laboratório de Solos, ambos da Universidade Estadual de Londrina, cidade de Londrina, Estado do Paraná, Brasil (latitude 23° 23'S, longitude 51° 10'W, a uma altitude de 580 metros).

Esses experimentos consistiram na taxa de incremento de K em ensaios com duas variedades de tomateiro fertirrigado cultivado em vasos com areia, sendo em um delineamento em blocos casualizados com cinco tratamentos e 10 repetições, totalizando 50 vasos lado a lado e 60 centímetros(cm) entre linhas, com bordaduras ao redor.

As plantas foram cultivadas em vasos plásticos de nove litros (L) de capacidade (23,5 x 26 x 19,5 cm), utilizando areia como substrato. Os resultados do teste de areia foram obtidos: $H^+ + Al^{+3}$ = 1,89 $cmol_c$ dm^{-3}; matéria orgânica = 0 g dm^{-3}; K^+ = 0 $cmol_c$ dm^-3; Mehlich P = 0.02 $cmol_c$ dm^-3; Mg^+ 2 = 1,44 $cmol_c$ dm^-3; Ca^{+2} = 0,29 cmolc dm^-3 e Al^{+3} = 0,08 cmolc dm^-3.

As mudas foram de tomateiro tipo Pizzadoro para o experimento 1 (E1) e Carina para o experimento 2 (E2), provenientes de viveiro comercial certificado, as quais foram transplantadas para vasos com 25-30 cm de altura, em 23 de março de 2013. O experimento foi conduzido até 29 de julho do mesmo ano.

O controlo de pragas foi realizado de forma preventiva, tendo sido aplicados os seguintes insecticidas desde o início do cultivo: Cipermetrina (piretróide), um ml L^{-1}, de 15 em 15 dias, broca dos frutos grandes (Helicoverpa zea) e Dipel® (biológico) um ml g^{-1} uma vez por semana para a lagarta do tomateiro (*Tuta absoluta*). Os fungicidas aplicados a partir da fase reprodutiva foram: Chlorothalonil, cinco ml L^{-1} uma vez por semana para o míldio, septoriose e oídio e Amistar Top®, um ml L^{-1} uma vez de 15 em 15 dias também para o míldio.

3.3 Sistema de fertirrigação

Os experimentos foram conduzidos com cinco tratamentos constituídos de cinco concentrações de K na solução nutritiva (60, 120, 180, 240 e 300 mg dm^{-3} de K) aplicados após a abertura das primeiras flores, com 29 dias após o transplantio, e até esse estádio de desenvolvimento, a solução nutritiva foi padrão (180 mg dm^{-3} de K) para todos os tratamentos. Essas doses foram estabelecidas a partir do conhecimento prévio da dose média de K que é recomendada para a cultura do tomateiro, seria de 180 mg dm^{-3} (Almeida et al, 2015). A partir dessas informações, decidiu-se testar doses, iniciando em 60 até 300 mg dm^{-3}.

As doses de nutrientes essenciais (mg dm^{-3}) foram as seguintes N: 198, P: 43,6, C: 152,4, Ca 233, Mg: 27 S: 39 foram utilizados como fertilizantes: o MAP

(200 g 1000L^{-1}); Ca ($_{NO3}$) 2 (800 g 1000L^{-1}); CaCl2 (300 g 1000L^{-1}); MgSO4 (300g 1000L^{-1}) e KNO3 (400 g 1000L^{-1}). Os micronutrientes foram fornecidos através do REXOLIN BRA® (11,6% K2O, 1,28% S, 0,86% Mg, 2,1% B, 0,36% Cu, 2,66% Fe, 2,48 % Mn, 0,036% Mo e 3,38% Zn) e do REXOLIN M48® (65% Fe quelatado EDDHMA), ambos na concentração de 25 g.1000L^{-1} (Tabela 1).

Tabela 1 - Concentração de nutrientes (mg dm^{-3}) e condutividade eléctrica (CE) (dS m^{-1}) das soluções nutritivas utilizadas nos tratamentos.

Tratamentos que contêm K (mg dm^{-3}) e da solução nutritiva Condutividades ***							
	Completo nutriente solução	**Solução***	**60**	**120**	**180**	**240**	**300**
Nutriente	**(100%)***	**(70%)****	**(2.07)*****	**(2.14)*****	**(2.15)*****	**(2.26)*****	**(2.42)*****
N	198	138.6	198.0	198.0	198.0	198.0	198.0
P	43.6	30.52	43.6	43.6	43.6	43.6	43.6
K	152.4	106.68	60.0	120.0	180.0	240.0	300.0
Ca	233	163.1	233.0	233.0	233.0	233.0	233.0
Mg	27	18.9	27	27	27	27	27
S	39	27.3	39	39	39	39	39
B	0.5	0.35	0.5	0.5	0.5	0.5	0.5
Fe	5	3.5	5	5	5	5	5
Cu	0.07	0.049	0.07	0.07	0.07	0.07	0.07
Mn	0.1	0.07	1	1	1	1	1
Mo	0.075	0.0525	0.075	0.075	0.075	0.075	0.075
Zn	0.4	0.28	0.4	0.4	0.4	0.4	0.4

* Sarruge (1975) modificado e utilizado no Laboratório de Solos da UEL.
** Solução nutritiva utilizada durante 15 dias para adaptação das plântulas.
*** Média da condutividade eléctrica (CE) medida nos tanques de água da solução nutritiva (dS m^{-1}).

A monitorização da concentração de cada nutriente presente foi feita através da medição periódica da condutividade eléctrica da solução nos depósitos de água e o resultado ilustrava a solução nutritiva que passava pelo vaso e ficava retida na placa por baixo deste, deixando o sistema com uma condutividade superior a três dS m^{-1} o que poderia afetar negativamente o desenvolvimento das plantas. Quando a condutividade ultrapassou os três dS m^{-1} a fertirrigação foi interrompida e o sistema foi irrigado por um dia apenas com água para evitar a salinização do sistema.

O sistema de fertirrigação era constituído por bombas submersíveis, com uma pressão de funcionamento até 1,9 mca e potência de 38 watts, modelo AT 203 Atman® em depósito de água com capacidade de 80 L para cada tratamento.

As bombas estavam ligadas a um temporizador, acionado por um contactor para evitar danos devido à oscilação da amperagem.

As aplicações de fertilizantes foram feitas através de água de irrigação com frequência variável para que as perdas não ultrapassassem 10% por intervalo de irrigação, cada gotejador foi regulado para vazão máxima de 300 ml min^{-1}.

O intervalo de irrigação foi definido com base nas condições climáticas como temperatura, umidade relativa do ar, que foram medidas dentro da estufa durante o experimento, com datalogger Instrutherm® modelo ht-500 e nas caraterísticas da cultura, variando de 1 a 5 vezes por turno do dia.

As temperaturas médias mensais foram de 33,6ºC de 27 a 31 de março, 26ºC em abril, 27,5ºC em maio, 23,8ºC em junho e 27,9ºC até ao dia 29 de julho. A humidade relativa foi de 42% de 27 a 31 de março, 64,4% em abril, 57% em maio, 72,6% em junho e 54,1% até ao dia 29 de julho.

As plantas foram conduzidas com três cachos de tomate, e após o terceiro cacho contaram-se cinco folhas e podaram-se as plantas para cortar a dominância apical.

3.4 Tratamentos de preparação de amostras

Após o início da frutificação foi coletado um fruto verde a cada repetição, na parte basal do cacho, com diâmetro entre quatro e cinco centímetros. Também foi coletada a folha logo acima do mesmo cacho para análise, de acordo com o experimento realizado por Almeida et.al (2015).

Foi determinada a massa, diâmetro, comprimento do fruto e massa foliar coletada ao longo de três cachos, cada fruto foi posteriormente cortado ao meio com a metade de sua seiva extraída conforme metodologia desenvolvida. As folhas coletadas logo acima dos três cachos tiveram sua seiva extraída para análise direta e depois foram analisadas pela metodologia convencional.

A outra metade dos frutos e folhas foram colocados em sacos de papel Kraft devidamente etiquetados e levados para estufa de circulação forçada de ar a 65ºC durante três dias. Após a secagem foi determinado o peso seco das folhas e dos frutos e em seguida triturados em moinho tipo Willey.

No final das experiências foram obtidas as produtividades e todo o material vegetal recolhido foi preparado para a determinação do K por fotometria de chama para os resultados finais.

3.5 Análise estatística

Os resultados finais puderam ser comparados através de uma regressão polinomial ao segundo grau com um nível de significância de 5%, para estabelecer uma relação entre as duas metodologias.

Os resultados dos diferentes teores de K lidos na seiva do pecíolo e dos frutos com e sem digestão fornecida, bem como a produtividade e os teores de outros nutrientes foram correlacionados por correlação de Pearson para determinar quais os parâmetros nutricionais que a nova metodologia pode medir, direta ou indiretamente.

4 RESULTADOS E DISCUSSÃO

Em relação à produtividade o maior valor encontrado nos dois experimentos foi na dose de 300 mg dm $^{-3}$ K, com 80,00 t ha^{-1} no Experimento 1(E1) e 98,20 t ha^{-1} no Experimento 2(E2) (Tabela 2), concordando com Sara Mejía et al. (2007) que também observaram um aumento na produção de peso fresco de acordo com a concentração de nutrientes até atingir um ponto de saturação onde a produção diminui consideravelmente.

Cook e Sander (1991) também observaram um aumento significativo na produtividade do tomateiro com o aumento das doses de K, de acordo com os resultados do E2 que teve ajuste linear conforme o aumento das doses.

No entanto E1 teve um ajuste quadrático com tendência a maior produtividade para a dose de 180 mg dm^{-3} (76,23 t ha^{-1}) concordando com Coltman e Riede (1992) que obtiveram resultados semelhantes trabalhando com fertirrigação em condições de estufa com cinco níveis de K, com maior produtividade na dose de 200 mg dm^{-3}.

A produtividade total obtida neste experimento foi semelhante às 97,9 t ha^{-1} registradas por Macedo (2005). Segundo Fontes et al. (2000), a produtividade comercial e total do tomateiro aumentaram com o aumento das doses de K, atingindo o máximo de 73,4 e 86,4 t ha^{-1}, com a aplicação de 194 e 198 kg ha^{-1} de K, respetivamente.

Roquejani et al. (2008), em seus estudos com produtividade e qualidade de híbridos de tomate segmentos italianos e santa cruz em casa de vegetação, quando desbastados, apresentaram uma produtividade média de 106,7 t ha^{-1} para a variedade Giuliana.

O aumento de produtividade observado em ambos os experimentos mostra que quando o tomateiro é conduzido na solução nutritiva, onde todos os nutrientes são fornecidos em quantidade ideal para seu pleno desenvolvimento, o aumento da quantidade de potássio, que é o nutriente requerido em maior quantidade reflete diretamente no melhor desenvolvimento da planta e maior produção de frutos.

Tabela 2 - Média da produção em t ha^{-1} em função das doses de K nos dois experimentos.

Produtividade do tomate em t ha^{-1}	Doses de K (mg dm^{-3})						
	60	120	180	240	300	Cv (%)	p>F*
Experiência 1	46.13	59.85	76.23	71.54	80.00	28.34	*
Experiência 2	56.47	78.69	88.48	92.21	98.20	27.39	*

*: Dados significativos a 5% por análise de regressão.
ns: dados não significativos para 5% por análise de regressão.

As médias da condutividade eléctrica (CE) iluviada em cada dose de K diferem significativamente com o aumento do ajuste linear às experiências (Tabela 3), sendo que a maior CE foi obtida com uma dose de 300 mg dm^{-3} (3.46 dS m^{-1} para o E1 e 3,14 dS m^{-1} para o E2) e a menor foi observada com 120 mg dm^{3} de K (2,28 dS m^{-1}) no E1 e 60 mg dm^{-3} com K (2,49 dS m^{-1}) para o E2, conforme mostra a Tabela 5.

Os resultados para os dois experimentos concordam com Genúncio et al. (2006), trabalhando com crescimento e rendimento de tomate em hidroponia na concentração iônica da solução nutritiva, onde observaram valores superiores a 2,0 dS m^{-1} na CE.

De acordo com Maas e Hoffman (1977), a salinidade máxima tolerável do solo, expressa em termos de CE, para o tomateiro é de 2,5 dS m^{-1}, com uma redução de 9,9% na unidade de produção para cada incremento de CE.

Eloi et al. (2007), testando o efeito da salinidade em tomateiro cultivado em solo franco-arenoso, encontraram o valor limiar de salinidade de 3,03 dS m^{-1}, muito próximo ao observado em E1 e E2, com diminuição da produtividade em 10,95% para cada aumento de uma unidade da salinidade do solo, causada pelos sais fertilizantes.

Durante a realização das experiências teve-se o cuidado de não permitir que a condutividade eléctrica ilustrada ultrapassasse os 3,0 dS m^{-1}, para que não houvesse problemas de salinidade do sistema, contribuindo assim para o pleno desenvolvimento das plantas.

Tabela 3 - Médias das condutividades eléctricas das duas experiências em cinco tratamentos em dS m^{-1}.

CE ilustrada em dS -1 m-	Doses de K (mg dm^{-3})**						
	60	**120**	**180**	**240**	**300**	Cv (%)	p>F*
Experiência 1	2.48	2.28	2.7	3.09	3.46	15.14	*
Experiência 2	2.49	2.59	2.67	2.98	3.14	9.87	*

*: Dados significativos a 5% por análise de regressão.
**. Tratamentos com cinco doses de K (60. 120. 180,240 e 300 mg dm^{-3}) em solução nutritiva. ns: dados não significativos para 5% por análise de regressão.

Após a análise do teor de K nos dois métodos de leitura, na seiva do fruto sem digestão (SFWD) e do teor de K na matéria seca do fruto com digestão (FRD), nos três cachos de duas experiências, conclui-se que houve diferença significativa com o aumento do teor de K.

Houve um aumento no teor de K (Tabelas 4 e 5) para os frutos do segundo e terceiro cacho sem digestão no E1 e E2 dos três cachos. Os teores de K após a digestão apresentaram diferença para a segunda e terceira trava do E1 e E2 em todos os cachos.

Como os tratamentos foram efectuados em simultâneo com o início do florescimento, é conveniente não atribuir significado ao primeiro cacho em E1, uma vez que as plantas foram sujeitas a tratamentos durante um período muito curto.

Tabela 4- Teor de K em g kg^{-1} de frutos com seiva sem digestão (SFWD) e frutos com digestão (FRD) no primeiro, segundo e terceiro cacho em função das doses crescentes de potássio da experiência 1.

K em g kg^{-1}		**Doses de K (mg dm^{-3})****						
		60	**120**	**180**	**240**	**300**	**CV(%)**	**p>F***
1º	**SFWD**	3.48	3.45	3.76	3.83	3.64	16.19	ns
grupo	**FRD**	54.84	84.04	78.21	71.54	75.66	18.87	ns
2.o	**SFWD**	2.44	2.68	2.79	2.88	3.46	18.94	*
grupo	**FRD**	55.88	68.13	70.64	72.64	74.39	12.06	*
3th	**SFWD**	3.17	3.81	3.83	3.78	4.18	14.61	*
grupo	**FRD**	54.88	66.79	67.62	70.95	73.32	7.51	*

*: Dados significativos a 5% por análise de regressão.
**. Tratamentos com cinco doses de K (60,120,180,240 e 300 mg dm^{-3}) em solução nutritiva. ns: dados não significativos a 5% por análise de regressão.

Os resultados concordam com os de Blanco e Folegatti (2008), que trabalharam com teores de K em tomateiro híbrido "Facundo" sob estresse salino, e verificaram que quanto maior a dose de K, maior a absorção pelos frutos, e constataram que a maior concentração foi de 35 g kg^{-1}, sendo a maior dose aplicada (24 g $planta^{-1}$ de K).

Quadro 5- Teor de K em g kg^{-1} de frutos com seiva sem digestão (SFWD) e frutos com digestão (FRD) no primeiro, segundo e terceiro cacho em função das doses crescentes de potássio da experiência 2.

K em g kg^{-1}		**Doses de K (mg dm^{-3})****						
		60	**120**	**180**	**240**	**300**	**CV(%)**	**p>F***
1º	**SFWD**	3.15	3.17	3.41	3.48	3.68	16	*
grupo	**FRD**	67.16	78.66	78.64	82.17	88.72	16.37	*
2.o	**SFWD**	2.61	3.11	3.55	3.90	4.27	27.82	*
grupo	**FRD**	50.46	69.80	74.29	81.39	84.40	14.27	*
3th	**SFWD**	3.29	3.63	3.70	3.74	3.82	16.29	*
grupo	**FRD**	59.51	63.60	69.32	77.31	80.93	7.32	*

*: Dados significativos a 5% por análise de regressão.
**. Tratamentos com cinco doses de K (60,120,180,240 e 300 mg dm-3) em solução nutritiva. ns: dados não significativos a 5% por análise de regressão.

Um adubo potássico adequado proporciona aos tomates uma cor vermelha mais pronunciada e um interior bem formado, sem a presença de vazios. Os frutos ficam firmemente presos nas plantas, reduzindo as perdas por queda. Na deficiência, os frutos apresentam coloração ruim e conservação mais curta. O excesso pode resultar em rachaduras nos frutos (MORAES, 2006).

Após comparar os dois métodos, leitura direta da seiva do fruto e leitura após digestão da matéria seca, através de regressão polinomial ao segundo grau, chegou-se a uma relação onde a leitura com digestão, que é o método convencional utilizado em laboratórios, é 20,085 vezes maior do que os valores apresentados para a leitura sem digestão prévia, ou seja, y=20,085x, onde y é o valor obtido pela leitura da amostra após passar por digestão é o valor obtido sem digestão prévia, conforme Fig. 1.

Fig 1 - Regressão entre as leituras do teor de K na seiva dos frutos sem digestão e dos frutos após digestão para ambas as experiências nos frutos dos três cachos. em função de cinco níveis de K.

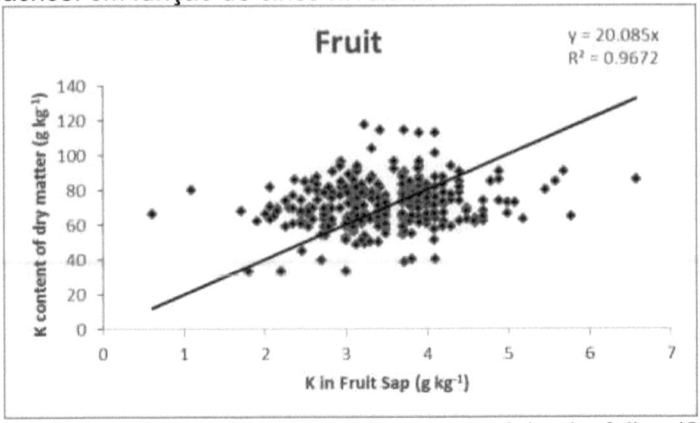

Tal como os níveis encontrados na seiva do pecíolo da folha (SLP) e na digestão da folha (LD) recolhidos diretamente acima de cada cacho também tiveram uma resposta significativa com o aumento da dose para os dois métodos (Quadros 6 e 7).

Tabela 6- Teor de K em g kg^{-1} na seiva do pecíolo da folha sem digestão (SLP) e na folha com digestão (LD) logo acima do primeiro, segundo e terceiro cachos em função do aumento das doses de K do experimento 1

K em g kg^{-1}		**Doses de K (mg dm^{-3})****						
		60	**120**	**180**	**240**	**300**	**CV(%)**	**p>F***
1º	**SLP**	2.79	4.61	5.53	5.74	6.24	25.81	*
grupo	**LD**	27.64	49.40	52.05	63.12	65.08	17.17	*
2.o	**SLP**	1.99	3.14	2.97	4.26	4.97	33.84	*
grupo	**LD**	30.97	33.62	37.69	48.84	48.41	24.62	*
3t^{h}	**SLP**	3.41	4.59	6.95	7.46	8.63	13.81	*
grupo	**LD**	27.73	50.67	56.04	61.09	83.50	11.76	*

*: Dados significativos a 5% por análise de regressão.
**. Tratamentos com cinco doses de K (60,120,180,240 e 300 mg dm^{-3}) em solução nutritiva.
ns: dados não significativos para 5% por análise de regressão.

Os resultados apresentados nos Quadros 6 e 7 concordam com Calvert (1969) que verificou o aumento do teor de K no tecido foliar de acordo com doses crescentes de plantas adultas de citrinos e Miller et al. (1993) que verificaram o mesmo efeito de doses crescentes de porta-enxertos de citrinos nas fases iniciais de crescimento.

Fertilizantes com K promovem aumento da concentração no tecido vegetal, como observado resultados nas Tabelas 4, 5, 6, e 7, resultam em planta inteira superior devido ao aumento da eficiência fotossintética, resistência a certas doenças.

No tomate, à medida que o K aumenta a concentração da solução nutritiva, a concentração de K na folha e no fruto, bem como as quantidades extraídas pelo mesmo, também aumentam.

O K é absorvido pelas raízes na forma de íon, sendo translocado das raízes através de fluxo de massa para as membranas externas das células das folhas e depois armazenado no vacúolo. Quando necessário para o crescimento do tomateiro, é transferido para o floema e então mobilizado para partes em crescimento como folhas imaturas, gemas e frutos (WOOD; PARISH, 2003).

Tabela 7- Teor de K em g kg^{-1} na seiva do pecíolo da folha sem digestão (SLP) e na folha com digestão (LD) logo acima do primeiro, segundo e terceiro cachos de acordo com o aumento das doses de K do experimento 2.

K em g kg^{-1}		**Doses de K (mg dm^{-3})****						
		60	**120**	**180**	**240**	**300**	**CV(%)**	**p>F***
1°	**SLP**	4.39	4.94	5.07	5.47	6.31	18.58	*
grupo	**LD**	46.39	49.19	62.53	63.06	64.92	18.04	*
2.o	**SLP**	2.95	5.34	6.35	6.67	6.91	23.42	*
grupo	**LD**	43.52	66.11	71.35	73.39	75.50	16.07	*
3th	**SLP**	3.33	5.45	7.53	8.15	8.47	12.46	*
grupo	**LD**	25.87	54.05	63.81	69.17	72.15	14.21	*

*: Dados significativos a 5% por análise de regressão.
**. Tratamentos com cinco doses de K (60,120,180,240 e 300 mg dm-3) em solução nutritiva. ns: dados não significativos a 5% por análise de regressão.

A concentração de nutrientes na seiva do pecíolo indica a quantidade destes que circula na planta no momento e, portanto, os níveis actuais tanto na planta como a ser absorvida.

A análise da seiva, para fins de diagnose, busca determinar, em tempo real, a concentração momentânea de K na planta ou de NO3, e normalmente tem correlação significativa com a concentração encontrada na folha determinada pelo método convencional e com a produção da planta, como verificaram Alcantar et al. (2002) para a cultura do alho.

Após a comparação dos dois métodos por regressão polinomial ao segundo grau chegou-se a uma relação onde a leitura com digestão, que é o método convencional utilizado nos laboratórios, é 9,6857 vezes maior que os valores dados para a leitura sem digestão, ou seja, y=9,6857x, onde y é o valor obtido pela leitura da amostra após sofrer digestão exo valor obtido sem digestão prévia, como mostra a Fig. 2.

Moreira (2009) encontrou relação entre o teor de NO3 na seiva do pecíolo da quarta folha da batata com doses crescentes de N. Para o K estreita relação entre o seu teor na seiva do pecíolo e o peso seco da folha foram relatados por Qian et al. (1995) para a cultura da canola e Kallenbach (2000) para alfafa, concordando com o observado neste estudo.

Fig 2 - Regressão entre as leituras com e sem digestão para as duas experiências em folhas dos três cachos, em função de cinco níveis de K.

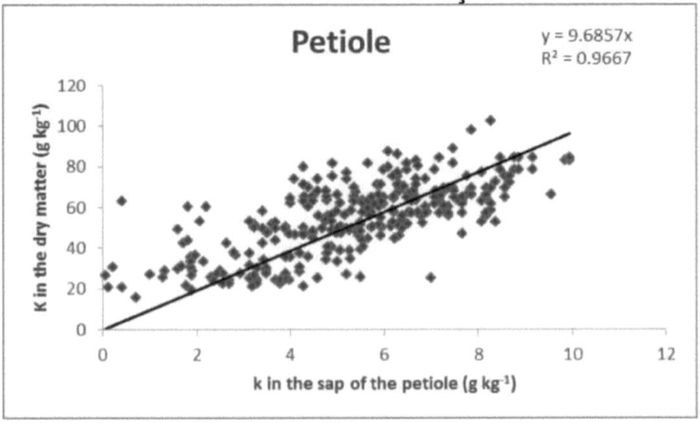

Os valores de K obtidos tanto pela metodologia de leitura direta sem digestão, como pela metodologia com digestão puderam ser comparados através de regressão e correlação para encontrar uma relação entre as metodologias e os aspectos nutricionais das duas variedades de tomate.

Comparando o K na seiva do pecíolo e o índice nutricional foliar, que neste estudo foi considerado logo acima do segundo cluster (Tabela 8) e a Convenção como valores de K sendo obtidos por leitura com digestão, no tomateiro E1 Pizzadoro chegamos a uma correlação positiva de 0,924 (Fig. 3A) e relação significativa verificada através de regressão. Para o Carina realizado no tomate E2, também tivemos resultados positivos significativos por regressão e correlação de 0,967 como mostra a Fig 3B.

Para a variedade Pizzadoro E1 comparou-se, por meio de regressão, o teor de K nos frutos (Tabelas 4 e 5) sem digestão prévia com o teor na seiva do pecíolo (Tabelas 6 e 7), também sem digestão, obteve-se um CV 33,62% com 5% de significância e uma correlação de 0,977, conforme 3C.

Tabela 8- Macronutrientes em g kg^{-1} da primeira folha índice e da segunda experiência. colhida logo acima do segundo cacho.

	N	P	K	Ca	Mg	S
Mg dm^{-3}			**g kg**	$^{-1}$		
60	33.83	9.77	30.97	34.67	3.00	11.87
120	32.17	10.63	35.01	36.54	3.05	14.95
E1 180	29.82	10.68	37.69	30.12	2.71	14.41
240	32.28	10.55	48.84	19.27	2.93	16.43
300	34.30	9.57	48.41	18.76	2.73	14.65
CV(%)	14.32	13.76	25.17	32.66	21.21	23.42
p>F*	ns	ns	*	*	ns	ns
60	43.00	12.44	43.52	33.51	2.71	6.66
120	37.49	10.02	65.55	36.50	3.01	12.42
E2 180	27.20	11.27	71.35	31.90	2.35	12.26
240	32.34	10.21	73.39	20.41	2.77	17.70
300	31.89	9.68	75.50	18.74	2.88	18.57
CV(%)	10.70	27.78	16.50	32.88	26.38	24.06
p>F*	*	ns	*	*	ns	*

*: Dados significativos a 5% por análise de regressão.
ns: dados não significativos para 5% por análise de regressão.

A variedade Carina E2 apresentou comportamento semelhante quando comparados os mesmos parâmetros, onde se encontrou significância pela análise de regressão entre K na seiva do fruto sem digestão e pecíolo das folhas, também para leitura sem digestão. Foi encontrado um CV de 25,89% e correlação de 0,98 como na Fig. 3D.

A relação entre o teor de K encontrado no fruto seiva sem digestão com a folha acima do respetivo cacho, revela novamente valores significativos para ambas as experiências com correlação positiva para o tomate Pizzadoro (E1) de 0,885 (Fig. 3E) e para o tomate Carina (E2) de 0,903 (Fig. 3F).

Quando comparado o teor de K na seiva do pecíolo da folha com o do tomateiro têm-se resultados significativos para os dois experimentos, quando submetidos a regressão de 0,375 e uma correlação positiva para E1 (Fig. 3G) e 0,996 para E2 (Fig. 3H).

A produção comparada com o teor de K nas folhas é significativa na análise de regressão para as duas variedades utilizadas, tendo uma correlação positiva de 0,113 em E1 (Fig. 3I) e de 0,983 em E2 (Fig. 3J).

Ao comparar o teor de K no fruto após a digestão com a produção a correlação encontrada foi positiva de 0,431 (Fig. 3K) e sem resultados significativos após a análise de regressão para E1 e 0,981 valores de correlação positivos e significativos após a análise de regressão de E2 (Fig. 3L).

Este fato se dá principalmente pela diferença entre as variedades, onde o tomate Pizzadoro (E1) teve um aumento em sua produção até a dose de 180 mg dm^{-3} de K e depois um início de competição por nutrientes e uma tendência de queda na produtividade.

Já a variedade Carina (E2) respondeu melhor ao aumento dos níveis de K com resultados significativos na produção até a dose de 300 mg dm^{-3}, mostrando o comportamento de cada variedade em relação às doses crescentes e sua resposta na produção como pode ser observado nas Figs. 3K e 3L

De acordo com os resultados apresentados acima com as correlações entre: o teor de K na seiva do fruto sem digestão com o teor na seiva do pecíolo, a seiva do pecíolo e o índice nutricional foliar, a seiva sem digestão do fruto e as folhas, a seiva do pecíolo e a produção e por fim a produção e as folhas, podemos observar a estreita relação entre a absorção de potássio com o aumento das doses e sua interação com a produção.

A partir dos resultados, é importante o aumento quadrático da produção para os lineares E1 e E2 para mostrar a influência do genótipo na absorção de nutrientes e nas necessidades nutricionais, conforme verificado por Singh et al. (2000), Youssef et al. (2001), Ravinder-Singh et al. (2001), Warner et al. (2004).

Sobre as correlações pode-se dizer que quanto maior o teor de K na folha, maior também no desenvolvimento dos frutos e este nutriente tem forte correlação positiva com a produção, principalmente por ser o nutriente mais exigido pela cultura e também por se tratar de experimentos sob fertirrigação onde todos os nutrientes estão prontamente disponíveis para a planta, fazendo com que o aumento das doses de K seja o principal fator para o aumento da produção.

Assim, tanto a análise direta do teor de K na seiva do fruto, como na seiva do pecíolo das folhas e nas folhas reflectem o aumento da produção, tal como verificado por Coltman e Riede (1992) trabalhando com a cultivar cultivada em condições de casa de vegetação com cinco níveis de K, monitorizando a concentração de K na seiva do pecíolo com fita de papel colorimétrico.

Este autor observou que a metodologia testada foi sensível a diferentes doses de K e teores de K da seiva do pecíolo, tendo a produção de frutos um aumento quadrático, onde o rendimento máximo foi obtido na faixa de 190200 mg por litro de K da solução externa e 5,9 mg de K por ml da seiva do pecíolo.

Fig 3 -A e B-Níveis de potássio encontrados na seiva do pecíolo e no índice nutricional foliar dos experimentos 1 e 2. **C e D-** Níveis de potássio encontrados na seiva do fruto sem digestão e na seiva do pecíolo das folhas sem digestão dos experimentos 1 e 2. **E e F** Relação entre os teores de potássio encontrados na seiva do fruto sem digestão e na matéria seca das folhas dos experimentos 1 e 2. **G e H** Relação entre os teores de potássio encontrados na seiva do pecíolo sem digestão com a produção nos experimentos 1 e 2. **I e J-** Relação entre a concentração de K encontrada na folha com a produção em t ha^{-1} para os experimentos 1 e 2. **K e G-** Relação entre os teores de potássio encontrados nos frutos com a produção em t ha^{-1} nos experimentos 1 e 2.

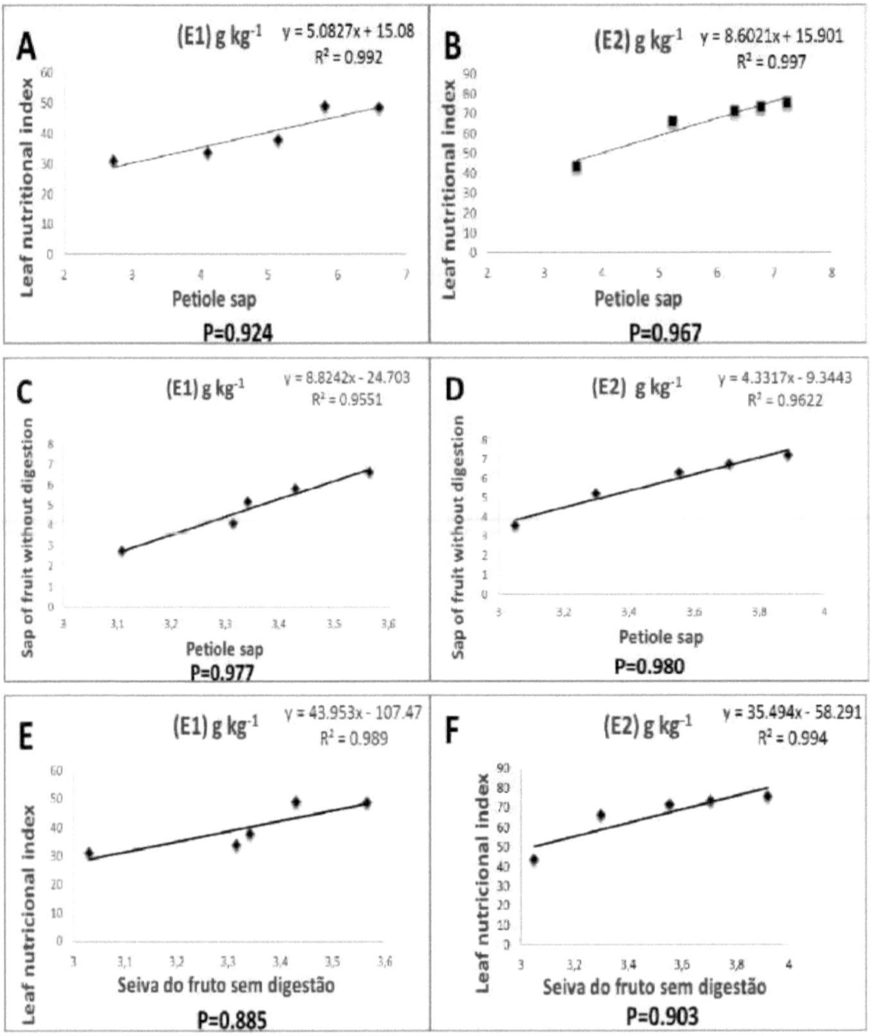
A
(E1) g kg-1
y = 5.0827x + 15.08
R² = 0.992
Leaf nutritional index
Petiole sap
P=0.924
B
(E2) g kg-1
y = 8.6021x + 15.901
R² = 0.997
Leaf nutritional index
Petiole sap
P=0.967
C
(E1) g kg-1
y = 8.8242x - 24.703
R² = 0.9551
Sap of fruit without digestion
Petiole sap
P=0.977
D
(E2) g kg-1
y = 4.3317x - 9.3443
R² = 0.9622
Sap of fruit without digestion
Petiole sap
P=0.980
E
(E1) g kg-1
y = 43.953x - 107.47
R² = 0.989
Leaf nutricional index
Seiva do fruto sem digestão
P=0.885
F
(E2) g kg-1
y = 35.494x - 58.291
R² = 0.994
Leaf nutricional index
Seiva do fruto sem digestão
P=0.903

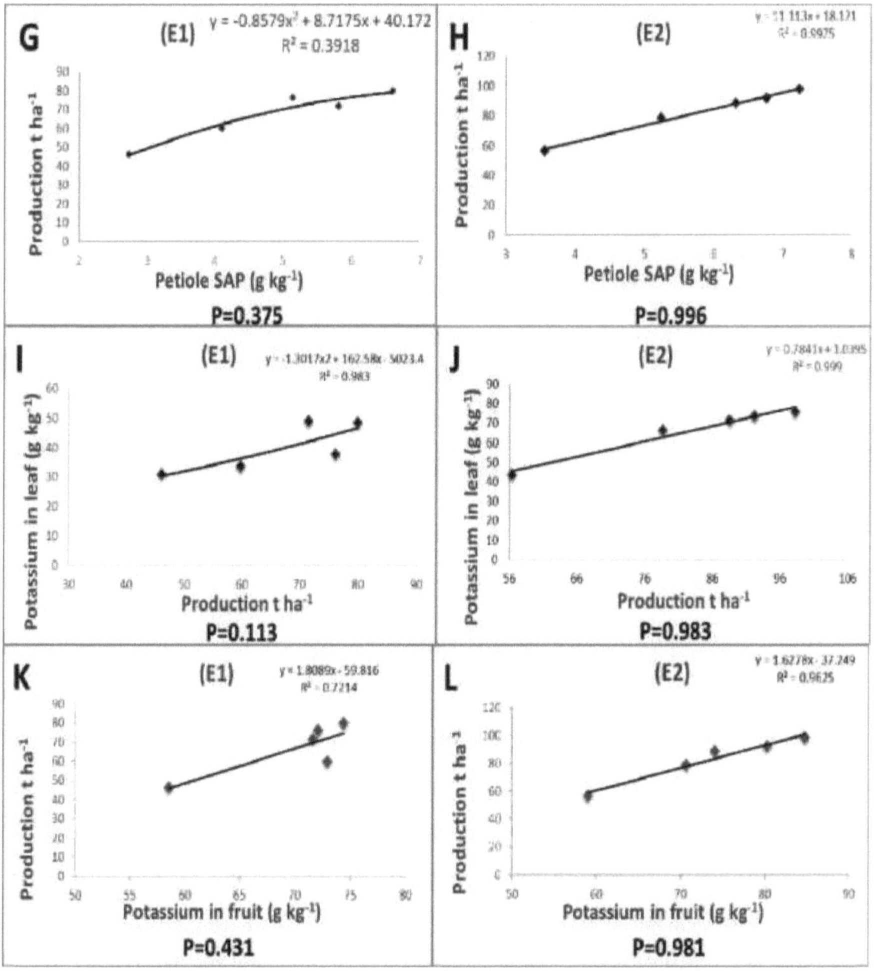

Após a análise dos frutos em início de desenvolvimento colhidos dos três cachos de duas experiências, chegou-se aos resultados para os macro e micronutrientes apresentados nos Quadros 9 e 10. A partir dos resultados encontrados é possível analisar o comportamento dos nutrientes nas duas variedades de tomate no início do desenvolvimento dos frutos.

Tabela 9. Níveis de nutrientes em g kg^{-1} e micronutrientes mg kg^{-1} no início do desenvolvimento dos frutos do primeiro, segundo e terceiro cacho da experiência 1 com tomate Pizzadoro.

	N		P	K	Ca	Mg	S	Cu	Fe	Mn	Zn
	mg dm^{-3}			g kg^{-1}					mg	kg^{-1}	
	60	39,22	11,74	54,84	3,58	2,88	5,48	21,38	396,41	115,32	54,27
1st	120	40,16	16,77	83,50	3,37	2,79	6,09	24,76	233,40	127,32	46,38
grupo	180	38,96	12,72	78,21	3,39	2,85	6,15	21,44	213,75	89,75	31,36
	240	36,39	13,43	71,54	3,10	2,74	6,43	24,57	255,94	168,35	42,89
	300	36,55	11,60	75,66	3,34	2,65	5,90	29,60	159,71	88,33	46,43
	CV(%)	6,49	18,97	19,48	38,38	16,80	22,19	27,62	62,05	82,77	20,94
	p>F*	*	*	*	ns	ns	ns	ns	*	ns	*
	60	32,95	7,91	65,88	3,17	1,92	4,01	11,53	140,29	128,80	29,08
2sd	120	32,34	10,57	69,17	3,47	2,07	4,08	15,93	185,76	98,36	38,80
grupo	180	29,44	9,58	70,64	4,36	2,01	5,06	16,52	178,72	113,28	75,78
	240	30,39	10,45	72,64	4,02	2,23	5,42	16,94	118,53	167,14	69,50
	300	29,50	9,60	74,39	4,50	2,01	5,79	18,69	144,66	129,24	77,28
	CV(%)	7,63	17,99	12,48	41,82	20,06	16,41	27,23	50,43	44,01	28,66
	p>F*	*	*	ns	ns	ns	*	*	ns	ns	*
	60	52,39	9,89	54,88	3,53	1,82	4,69	11,23	175,96	86,53	48,50
3th	120	44,03	9,50	66,00	3,29	1,96	5,59	8,50	220,81	59,68	29,07
grupo	180	29,11	10,00	67,62	3,27	2,30	5,45	6,72	186,62	69,13	25,20
	240	34,15	9,60	70,20	2,97	2,04	5,82	6,55	256,02	84,20	24,58
	300	34,42	9,29	73,32	3,16	1,79	6,01	2,34	280,20	69,58	20,86
	CV(%)	5,79	20,70	7,77	38,74	22,73	11,01	17,44	75,35	30,60	29,42
	p>F*	*	ns	*	ns	ns	*	*	ns	ns	*

*: Dados significativos a 5% por teste de regressão.
ns: dados não significativos para 5% por teste de regressão.

Pode observar-se um aumento significativo dos níveis de K e uma redução dos níveis de N, P, Fe e Zn nos frutos do primeiro cacho, em consonância com um aumento dos níveis de K na solução nutritiva em E1 (Quadro 9).

No segundo cacho, registou-se um aumento dos teores de P, S, Cu e Zn e uma redução dos teores de N. No terceiro cacho, registou-se um aumento dos teores de K e S e uma redução dos teores de N, Cu e Zn (quadro 9).

Em E2 foram encontrados nos frutos do primeiro cacho aumento significativo nos teores de K, Ca, S e Fe e diminuição no teor de Mn, e ajuste quadrático aos teores de N. No segundo cacho foi encontrado aumento nos teores de N, K, Mg e Zn.

No segundo cacho foi encontrado aumento nos teores de N, K, Mg e Zn.

Para o terceiro cacho, registou-se um aumento do teor de K, S e Cu, um ajuste quadrático para P e Mg e Zn, e uma redução do teor de N, Fe e Mn (Quadro 10).

Tabela 10. Níveis de nutrientes em g kg^{-1} e micronutrientes em mg kg^{-1} no início do desenvolvimento dos frutos do primeiro, segundo e terceiro cacho da experiência 2, tomate Carina.

		N		**P**	**K**	**Ca**	**Mg**	**S**	**Cu**	**Fe**	**Mn**	**Zn**
		mg dm^{-3}			**g kg^{-1}**					**mg**	**kg^{-1}**	
		60	33,49	12,25	67,16	2,95	2,84	6,84	23,46	168,14	82,08	48,84
		120	30,83	11,31	80,88	3,73	3,01	7,14	22,26	240,55	76,46	48,73
1st	grupo	180	44,71	11,11	78,64	2,65	2,95	8,11	22,75	179,65	34,62	45,90
		240	36,38	10,59	82,17	5,03	2,79	8,21	22,77	149,85	20,28	41,51
		300	33,28	10,98	88,59	5,14	2,93	8,79	27,57	280,54	41,29	40,50
		CV(%)	6,52	18,27	16,59	41,04	13,74	18,52	33,30	50,86	44,34	18,27
		p>F*	*	ns	*	*	ns	*	ns	*	*	ns
		60	33,37	8,96	50,46	1,66	1,92	3,90	10,09	161,73	93,49	34,64
		120	41,93	10,57	69,62	2,09	2,53	4,29	8,63	185,76	109,77	39,19
2sd	grupo	180	36,68	9,74	74,29	5,90	2,49	4,98	15,20	176,24	110,72	76,67
		240	35,54	10,40	81,39	1,86	2,17	3,83	13,72	118,53	101,80	70,20
		300	38,79	9,44	84,22	1,35	2,13	4,48	12,84	132,29	118,88	76,14
		CV(%)	11,40	20,57	14,48	152,52	16,14	15,34	47,85	61,59	24,48	28,74
		p>F*	*	ns	*	ns	*	*	ns	ns	ns	*
		60	36,42	9,60	59,51	3,51	1,61	5,43	7,27	158,51	93,53	20,60
		120	32,38	7,62	65,09	3,25	1,71	5,58	10,76	224,71	78,65	21,54
3th	grupo	180	29,66	10,29	69,32	3,24	2,19	5,85	11,65	207,44	83,14	30,30
		240	30,83	8,80	76,00	2,94	2,11	5,85	12,15	111,68	64,24	19,40
		300	30,50	7,69	80,53	3,13	1,56	6,34	14,24	130,97	67,22	20,64
		CV(%)	8,35	13,92	7,39	37,77	11,93	9,20	15,05	53,29	25,68	21,34
		p>F*	*	*	*	ns	*	*	*	*	*	*

*: Dados significativos a 5% por teste de regressão.

ns: dados não significativos para 5% por teste de regressão.

Como são frutos imaturos, em início de desenvolvimento; ainda estão transpirando e absorvendo totalmente os nutrientes, como há alguns nutrientes imóveis ou pouco móveis na planta, há um período inicial de frutificação em que ocorre o maior aumento de concentração nos frutos.

Tabela 11. Níveis de macronutrientes em g kg^{-1} e micronutrientes em mg kg^{-1} das folhas imediatamente acima do primeiro, segundo e terceiro cacho no início do desenvolvimento dos frutos do experimento 1, tomate Pizzadoro, juntamente com os níveis de referência.

	N		P	K	Ca	Mg	S	Cu	Fe	Mn	Zn
	mg dm^{-3}			Kg ha^{-1} .2					mg	kg^{-1}	
	60	32,81	13,34	27,64	40,49	5,04	16,24	21,65	474,37	568,32	78,85
	120	35,87	15,97	50,25	38,69	5,25	18,96	19,08	500,87	578,26	56,83
1um molho	180	34,59	12,24	52,05	32,70	5,17	19,38	18,83	403,76	578,00	37,81
	240	33,16	14,23	63,12	20,71	5,37	23,38	20,58	445,69	726,49	75,02
	300	32,03	12,62	65,08	19,96	5,05	23,99	19,02	395,54	786,93	76,62
	CV(%)	5,07	20,30	17,48	30,79	25,20	6,51	22,25	24,54	12,04	12,85
	p>F*	*	*	*	*	ns	*	ns	ns	*	*
	60	33,83	9,77	30,97	34,67	3,00	11,87	21,11	480,89	655,78	38,76
	120	32,17	10,63	35,01	36,54	3,05	14,95	24,75	511,55	693,80	40,50
2sd grupo	180	29,82	10,68	37,69	30,12	2,71	14,41	28,55	556,70	697,06	35,70
	240	32,28	10,55	48,84	19,27	2,93	16,43	41,33	542,06	900,83	49,94
	300	34,30	9,57	48,41	18,76	2,73	14,65	40,39	608,33	839,39	48,56
	CV(%)	14,32	13,76	25,17	32,66	21,21	23,42	28,83	16,91	22,43	32,76
	p>F*	ns	ns	*	*	ns	ns	*	ns	*	ns
	60	34,59	16,71	27,73	33,83	3,22	19,48	8,63	368,31	796,51	48,80
	120	36,39	15,32	49,69	36,10	3,13	17,05	10,52	417,39	619,11	38,60
3° ramo	180	32,71	11,13	56,04	28,83	3,09	18,78	12,05	419,81	599,08	30,32
	240	31,81	11,62	61,09	18,26	2,90	21,07	14,38	279,48	775,85	61,73
	300	31,35	11,33	83,50	17,59	2,78	22,89	15,77	295,88	731,96	46,48
	CV(%)	5,49	24,53	11,93	32,49	13,91	10,99	13,41	41,03	20,72	23,65
	p>F*	*	*	*	*	ns	*	*	ns	*	*
FONTES 2002		56	3,1	47-70	31,6	8,4	9,8	798	183	258	25
RIBEIRO 1999		26-40	5,9	91-80	27,4	4,9	-	41	66	103	134
RAIJ 1996		40-60	4-8	30-50	14-40	4-8	3-10	5-15	100 300	50 250	30 100
FERNANDES 2002		32	13	51	45	9	18	10	209	665	96

*: Dados significativos a 5% por teste de regressão.
ns: dados não significativos para 5% por teste de regressão.

Os nutrientes pouco móveis são transportados pelo xilema e esse tipo de transporte só ocorre, até os frutos, enquanto estes ainda possuem a membrana permeável, o que possibilita a transpiração. Este fato pode resultar no aumento da concentração de nutrientes imóveis ou pouco móveis, pois o Ca é absorvido em grande quantidade neste período e consequentemente pode ter inibido a absorção de outros nutrientes, como o Mg, Zn e Cu, pois estes competem pelos mesmos sítios de absorção, mas assim que a membrana se torna impermeável, a concentração de Ca é diluída no fruto e a concentração dos outros nutrientes aumenta, tornando-se novamente equilibrada, é importante ressaltar que as dosagens de K nos experimentos não prejudicaram a concentração nutricional dos frutos.

Prado et al. (2011), no trabalho de investigação sobre a absorção de minerais em plantas de tomateiro "Raissa" em cultura hidropónica, também verificaram uma diminuição da concentração de Cu e B nos frutos com o passar do tempo, um ajuste quadrático para Ca, Mn e Zn e um aumento das concentrações de N, P, K Mg e S.

O acúmulo de P pelos órgãos que compõem o ramo frutífero começou a aumentar a partir da décima segunda semana durante a brotação, acompanhado pelo aumento da massa seca dos frutos, o que também foi observado nos estudos de Clark e Smith (1990). Miller et al. (1979), em condições de campo, relataram que a taxa de absorção de fósforo foi maior no intervalo de tempo de 84 a 98 dias após o transplante.

O K constituiu a maior quantidade de macronutriente absorvido. Um crescimento proporcional ao aumento das dosagens de solução nutritiva foi observado ao se analisar a curva de acúmulo desse nutriente, ao longo do ciclo de desenvolvimento nos frutos.

Clark e Smith (1990) verificaram, nos frutos de dióspiro, que houve uma acumulação significativa durante o desenvolvimento inicial e, 12 semanas após a polinização, aproximadamente 88% do conteúdo final tinha sido adquirido, enquanto apenas 35% da massa seca tinha sido acumulada durante o mesmo período.

Para as concentrações nutricionais das folhas acima de cada cacho em E1, cultivado no tomateiro "Pizzadoro" são encontradas de acordo com o aumento das dosagens de K, uma diminuição nas concentrações de N e Ca e um aumento quadrático nas concentrações de P (tabela 11).

Houve um aumento nas concentrações de S e Mn. Os valores encontrados nas folhas acima do primeiro cacho coincidem com os encontrados por Fernandes et al. (2002).

Nas folhas coletadas acima do segundo cacho, houve um aumento nas concentrações de N, K, Cu e Mn, bem como uma diminuição nas concentrações de Ca, coincidindo com Fernandes et al. (2002) para N, P e S e também com Raij et al. (1996) para os demais nutrientes analisados.

As folhas acima do terceiro cacho apresentaram uma diminuição nas concentrações de N, P, Ca e Mn e um aumento nas concentrações de K, S e Cu, coincidindo com Fontes et al. (2002) nas concentrações de K e Ca, e também com Ribeiro et al. (1999), que trabalharam com as análises na folha e no pecíolo opostos ao terceiro cacho, em N e Mg e Fernandes et al. (2002) para os demais nutrientes em (tabela 11).

Em E2, cultivado com o tomateiro "Carina", quando as concentrações nutricionais foram analisadas acima da primeira folha acima do primeiro cacho, observou-se uma relação quadrática a partir do aumento das dosagens de K para o N e para o P em (tabela 12).

Houve um aumento nas concentrações de K e S e uma diminuição nas concentrações de Ca, em função do aumento das dosagens de K, coincidindo com Fernandes et al. (2002).

Houve uma redução nas concentrações de N, Ca e Fe, um aumento nas concentrações de K, S e Mn e uma resposta quadrática para o Cu nas folhas do segundo cacho. Os resultados coincidem com Fernandes et al. (2002) para N, P e S e com Raij et al. (1996) para todos os outros nutrientes analisados na (tabela 12).

Tabela 12. Teores de macronutrientes em g kg^{-1} e micronutrientes em mg kg^{-1} das folhas logo acima do primeiro, segundo e terceiro cacho no início do desenvolvimento dos frutos do experimento 2, do tomateiro Carina, com teores de referência. Londrina, 2014.

		N	P	K	Ca	Mg	S	Cu	Fe	Mn	Zn
	mg										
	dm-3			Kg ha^{-1} 2					mg	kg^{-1}	
	60	34,47	11,27	46,39	40,45	4,51	11,62	20,59	503,35	505,46	82,54
1st	120	29,69	18,11	50,66	38,66	5,40	21,13	19,16	527,44	512,44	62,03
grupo	180	36,70	11,95	62,53	34,86	5,12	20,42	18,71	420,51	530,13	53,85
	240	34,99	14,15	63,06	24,73	5,33	23,29	19,05	416,23	733,52	75,09
	300	34,22	12,83	64,92	19,94	5,01	21,33	17,22	303,04	683,60	76,81
	CV(%)	7,71	25,06	18,52	34,28	24,67	13,24	24,83	28,51	20,04	13,53
	p>F*	*	*	*	*	ns	*	ns	*	*	*
	60	43,00	12,44	43,52	33,51	2,71	6,66	6,08	363,29	637,95	79,26
2sd	120	37,49	10,02	65,55	36,50	3,01	12,42	10,00	359,91	564,44	83,66
grupo	180	27,20	11,27	71,35	31,90	2,35	12,26	11,24	253,71	603,37	93,08
	240	32,34	10,21	73,39	20,41	2,77	17,70	11,56	167,69	785,45	58,81
	300	31,89	9,68	75,50	18,74	2,88	18,57	7,86	153,07	874,04	58,02
	CV(%)	10,70	27,78	16,50	32,88	26,38	24,06	41,50	38,83	27,30	28,06
	p>F*	*	ns	*	*	ns	*	*	*	*	*
	60	36,53	11,37	25,87	33,79	2,39	12,59	10,21	273,88	745,53	30,21
3th	120	31,75	10,97	51,21	36,06	2,85	17,27	11,92	388,09	626,03	38,79
grupo	180	31,24	11,60	63,81	27,64	2,77	23,28	16,64	332,18	696,26	47,74
	240	30,23	9,78	69,17	18,21	2,97	20,41	15,14	310,74	585,10	35,67
	300	34,82	11,20	72,15	17,57	2,96	23,05	13,67	181,29	605,54	47,32
	CV(%)	6,65	14,23	14,62	30,21	18,82	13,46	19,20	30,76	27,13	23,73
	p>F*	*	ns	*	*	ns	*	*	*	*	*
FONTES 2002		56	3,1	47-	31,6	8,4	9,8	798	183	258	25
				70							
RIBEIRO 1999		26-	5,9	91-	27,4	4,9	-	41	66	103	134
		40		80							
		40-	4-8	30-	14-	4-8	3-10	5-15	100-	50-	30-
RAIJ 1996		60		50	40				300	250	100
FERNANDES		32	13	51		9	18	10	209	665	96
2002					45						

*: Dados significativos a 5% por teste de regressão.
ns: dados não significativos para 5% por teste de regressão.

Quando as folhas foram analisadas logo acima do terceiro cacho, observou-se uma diminuição nas concentrações de N e Mn e um aumento nas concentrações de K, S e Zn. Houve uma resposta quadrática para Ca e Fe. Os resultados coincidem com Fontes et al. (2002) e as concentrações de K e Ca, e com Ribeiro et al. (1999), que trabalharam na análise da folha e do pecíolo oposto ao terceiro cacho, em N e Mg e Fernandes et al. (2002) para todos os outros nutrientes.

Ao analisar conjuntamente, o comportamento dos nutrientes acima dos três cachos, em ambos os experimentos, com base no aumento das dosagens de

K, verificou-se um aumento da concentração de Mn nas folhas do primeiro e segundo cachos em ambos os experimentos e uma diminuição nas folhas do terceiro cacho, comportamento este atribuído principalmente ao excesso de K que causou a deficiência de Mn, conforme confirmado por Silva et al.(1995) e Carvalho et al. (2001) no estudo com o aumento das dosagens de K no maracujazeiro.

Verificou-se também a redução nas concentrações de Ca em função do aumento das dosagens de K nas folhas acima de todos os cachos em ambos os experimentos, sendo este mais um caso de competição entre cátions, verificado desde o início do desenvolvimento da planta coincidindo com os relatos de Mascarenhas et al. (2000) e Oliveira et al. (2001).

Segundo Malavolta et al. (2006) com base no aumento das concentrações de K na solução nutritiva, há competição na absorção de Ca e Mg, pois, durante o processo de absorção, esses nutrientes utilizam os mesmos sítios de carregamento.

Houve uma resposta quadrática nas folhas do primeiro cacho e a concentração de Cu aumentou nas folhas do segundo e terceiro cacho do E1 em ambos os experimentos em relação à concentração de P, assim como houve comportamento quadrático nas folhas dos mesmos cachos no E2, em função do aumento das dosagens de K, este fato está relacionado com a diminuição das concentrações de Ca que quando aumentadas diminuíram as concentrações de Cu.

Também foi observado um decréscimo nas concentrações de N nas folhas acima do terceiro cacho em ambos os experimentos, atribuído ao aumento nas dosagens de K que provocou um aumento na síntese de proteínas na planta, consumindo o N para a síntese de proteínas. Devido ao aumento na síntese de proteínas, também foi observado um aumento na concentração de S nas folhas, acima dos três cachos, em ambos os experimentos, resultando em uma alta demanda por esse macronutriente decorrente do aumento das dosagens de K.

O aumento nas dosagens de potássio influenciou significativamente a concentração nutricional no tecido vegetal, pois houve aumento nas concentrações de K e S nos frutos e de K, Mn e Cu nas folhas, com diminuição das concentrações de Ca, em ambos os experimentos.

5 CONCLUSÕES

A metodologia desenvolvida para a determinação do potássio na seiva do fruto e no pecíolo da folha do tomateiro é eficaz para avaliar o teor de potássio e o estado nutricional da planta de forma prática e económica.

A análise direta é recomendada para determinar o potássio no tomate.

A dose recomendada de potássio é de 180 mg dm^{-3} para o tomate pizzadoro e de 300 mg dm^{-3} para o tomate carina.

O aumento dos níveis de potássio influencia significativamente a condutividade eléctrica ilustrada, a produtividade e o conteúdo nutricional no tecido vegetal.

6 REFERÊNCIAS

AGRIANUAL 2014. *Anuário da Agricultura Brasileira*. São Paulo: FNP Consultoria & Comércio, 2014.

ALCANTAR, G. et al. Métodos de diagnóstico para avaliar o estado nutricional de alho, cebola e brócolis. *Communications in soil science and plant analysis*, New York, v. 33, n.15-18, p.2585-2598, 2002.

ALMEIDA L.H.C, FRATONI M.M.J, FREGONEZI G.A.F, TAKAHASHI H.W (2015). Efeito de doses de potássio fertirrigadas nos teores nutricionais de frutos e folhas de tomateiro em seu desenvolvimento inicial. Afr. J. Agric. Res. P 10.

ALVARENGA, M. A. R. *Tomate*: produção em campo, casa-de-vegetação e em hidroponia. Lavras: UFLA, 2004.

AMARAL, C.; LAGE, D. A. *Nutrição vegetal*: funções e deficiências. Disponível em: < http://www.aquahobby.com/articles/b_nutricao_vegetal.php. >. Acesso em: 1 out. 2010.

BARBER, S. A. Disponibilidade de potássio na interface solo-raiz e fatores que influenciam a absorção de potássio. In: MEINSON, R. D. (Ed.). *Potassium in agriculture*. Madison: ASA; CSSA; SSSA, 1985. p. 309-324.

BARBOSA FILHO, M. P. Adubaçao potássica. In: _____ . *Nutrição e adubaçao do arroz: sequeiro e irrigado*. Piracicaba: Associaçao Brasileira para Pesquisa da Potassa e do Fosfato, 1987. p. 64-66.

BATAGLIA, O. C. Métodos diagnósticos da nutrição potássica com ênfase no DRIS. In: YAMADA, T; ROBERTS, T. L. (Ed.). SIMPÓSIO SOBRE POTÁSSIO NA AGRICULTURA BRASILEIRA, 2., 2005, São Pedro, SP. *Anais*... Piracicaba: Associação Brasileira para Pesquisa da Potassa e do Fosfato, 2005.

BATAGLIA, O. C.; FURLANI, A. M. C.; TEIXEIRA, J. P. F.; FURLANI, P.; GALLO, J. R. *Métodos de análise química de plantas*. Campinas: Instituto Agronômico, 1983. (Boletim técnico, 78).

BLANCHAR, R. W.; REHM, G.; CALDWELL, A. C. Sulfur in plant material by digestion with nitric and perchloric acid. *Soil Science Society of America*, Madison, v. 29, n. 1, p. 71-72, 1965.

BLANCO, F. F.; FOLEGATTI, M. V. Doses de N e K no tomateiro sob estresse salino: III. Produção e qualidade de frutos. *Revista Brasileira de Engenharia Agrícola e Ambiental,* Campina Grande, v.12, p.122-127, 2008.

BRAGA, J. M.; DEFELIPO, B. Determinaçao espectrofotométrica de fósforo em extratos de solos e plantas. *Revista Ceres*, Viçosa, v. 21, n. 113, p. 7385, 1974.

BRAGA, G. N. M. 2010. *As vantagens da Fertirrigaçao*. Disponivel em:< http://agronomiacomgismonti.blogspot.com.br/2010/04/as-vantagens-dafertirrigacao.html >. Acesso em: maio 2014.

BREMNER, J.M.; KEENEY, D.R. Determinação e análise da razão isotópica de diferentes formas de azoto nos solos 3: amónio permutável, nitrato e nitrito por métodos de extração-destilação. *Soil Science Society of America Journal*, Madison v.30, p.577-582, 1965.

CALVERT, D.V. Aplicações por pulverização de nitrato de potássio para citrinos em solos calcários. In: SIMPÓSIO INTERNACIONAL DE CITRINOS, 1968, Riverside. *Actas*... Riverside: Iniversity of California, 1969.v.3.p.1587-1597.
CARMO, C. A. F. S.; ARAÚJO, W. S.; BERNARDI, A. C. C.; SALDANHA, M. F. C. *Métodos de análise de tecidos vegetais utilizados na Embrapa solos*. Rio de Janeiro: Emprapa Solos, 2000. (Circular Técnica, 6).
CARVALHO, A.J.C.; MARTINS, D.P.; MONNERAT, P.H.; BERNARDO, S.; SILVA, J.A. Teores de nutrientes foliares no maracujazeiro-amarelo associados à estaçao fenológica, adubaçao potássica e láminas de irrigaçao. *Revista Brasileira de Fruticultura*, Jaboticabal, v.23, p.403- 408, 2001.
CLARK, C.J.; SMITH, G.S. Seasonal changes in the composition, distribution and accumulation of mineral nutrients in persimmon fruit. *Scientia Horticulturae,* Amesterdão, n. 42, p. 99-111, 1990.
COLTMAN, R.R.; RIEDE, S.A. Monitoring the potassium status of greenhouse tomatoes using quick petiole sap tests. *Hortscience*, Alexandria, v.27, n.4, p.361-364, 1992.
COOK, W. P.; SANDERS, D. C. Freqüência de aplicação de nitrogênio para tomates irrigados por gotejamento. *HortScience*, Mont Vernon, v. 26, n. 3, p.250-252, 1991.
ELOI, W. M.; DUARTE, S. N.; SOARES, T. M. Niveis de salinidade e manejo da fertirrigaçao sobre caraterísticas do tomateiro cultivado em ambiente protegido. *Revista Brasileira de Ciências Agrárias,* Recife, v.2, p.83-89, 2007.
EPSTEIN, E.; BLOOM, A. *Nutrição mineral de plantas* : princípios e perspectivas. Londrina: Planta, 2006.
ERNANI, P. R.; JAIME, A. A.; SANTOS, F. C. Potassio. In: NOVAIS, R. F. et al. (Ed.). *Fertilidade do solo.* Viçosa: SBCS, 2007. p. 551-594.
FAQUIN V. 2001. *Nutrição mineral de plantas.* Lavras: UFLA/FAEPE, 182 p.
FAYAD, J. A.; FONTES, P. C. R.; CARDOSO, A. A.; FINGER, F. L.; FERREIRA, F. A. Absorçâo de nutrientes pelo tomateiro cultivado sob condiçöes de campo e de ambiente protegido. *Horticultura Brasileira*, Brasília, v. 20, n. 1, p. 90-94, 2002.
FERNANDES, A.A.;MARTINEZ, H.E.P.; FONTES, P.C.R. Produtividade, qualidade dos frutos e estado nutricional do tomateiro tipo longa vida conduzido com um cacho, em cultivo hidropônico, em funçâo das fontes de nutrientes. *Horticultura* Brasileira, v.20, n.4, p.564-570, 2002.
FERNANDES, P. D.; CHURATA-MASCA, M. G. C.; OLIVEIRA, G. D.; HAAG, H. P. Nutriçâo mineral de hortaliças. Absorçâo de nutrientes pelo tomateiro em cultivo rasteiro. *Anais da ESALQ*, Piracicaba, v. 32, p. 595-608, 1975.
FERREIRA, M. M. M.; FERREIRA, G. B.; FONTES, P. C. R.; DANTAS, J. P. Qualidade do tomate em funçâo de doses de nitrogênio e da adubaçâo orgânica em duas estaçöes. *Horticultura Brasileira*, Vitoria da Conquista, v. 24, p. 141-145, 2006.
FILGUEIRA, F. A. R. *Novo manual de olericultura*: agrotecnologia moderna na produçâo e comercializaçâo de hortaliças. 2. ed. Viçosa: UFV, 2003.

FILGUEIRA, F. A. R. *Novo manual de olericultura*: agrotecnologia moderna na produçâo e comercializaçâo de hortaliças. Viçosa: UFV, 2000.
FONTES, P. C. R.; SILVA, D. J. H. Cultura do tomate. In: FONTES, P. C. R. *Olericultura*: teoria e prática. Viçosa: UFV, 2005. p. 458-475.
FONTES, P. C. R.; SILVA, D. J. H. Doenças e pragas: é seguro comer tomate? In: FONTES, P. C. R.; SILVA, D. J. H. *Produção de tomate de mesa*. Viçosa: UFV, 2002. p. 97-129.
FONTES, P.C.R.; SAMPAIO, R.A.; MANTOVANI, E.C. Produtividade do tomateiro e concentrações de potássio no solo e nos pecíolos das plantas afetadas pela fertirrigação potássica, *Pesquisa Agropecuária Brasileira,* Brasília, v.35, n.3, p. 575-580, 2000.
FURLANI, A. M. C. Nutriçâo mineral. In: KERBAUY, G. B. (Org.). *Fisiologia vegetal*. Rio de Janeiro: Guanabara Koogan, 2004. p. 40-75.
GARGANTINI, H.; BLANCO, H. G. Marcha de absorçâo de nutrientes pelo tomateiro. *Bragantia*, Campinas, v. 22, n. 56, p. 33-44, 1963.
GENÚNCIO, G. C., MAJEROWICZ, N., ZONTA, E., SANTOS, A.M., GRACIA, D., AHMED, C.R.M., SILVA, M.G. Crescimento e produtividade do tomateiro em cultivo hidropônico NFT em fungos da concentraçâo iónica da soluçâo nutritiva. *Horticultura Brasileira,* Brasília, v.24, p.175-179, 2006.
GUIMARÀES, T. G. *Nitrogênio no solo e na planta, teor de clorofila e produção do tomateiro, no campo e na estufa, influenciados por doses de nitrogênio.* 1998. 184 p. Tese (Doutorado em Fitotecnia) - Universidade Federal de Viçosa, Viçosa, UFV, 1998.
HAAG, H. P.; OLIVEIRA, G. D.; BARBOSA, V.; SILVA, J. M. Nutriçâo mineral de hortaliças. Marcha de absorçâo de nutrientes pelo tomateiro destinado ao processamento industrial. *Anais ESALQ*, Piracicaba, v. 35, p. 243-270, 1978.
HALBROOKS, M.; WILCOX, G. E. Tomato plant development and elemental accumulation. *Journal American Society Horticultural Science*, Alexandria, v. 105, n. 6, p. 826-828, 1980.
HENSINGER, P. Como é que as plantas adquirem nutrientes minerais? Processos químicos envolvidos na rizosfera. *Advances in Agronomy,* San Diego, v. 64, p. 225-265, 1998.
HUBER, D.M. O papel da nutrição mineral na defesa. In: HORSFALL, J.G.; COWLING, E.B. (Ed.). *Plant pathology*: an advanced treatise. New York: Academic, 1980. v.5, p. 381-406.
JOHJIMA, T. *Síntese de caroteno e caloria em tomate de várias genotipagens. Journal of the Japanese Society for Horticultural Science*, Kioto, v. 63, n. 1, p.109-114, 1994.
KALLENBACH, RL. Utilização no campo de um elétrodo específico de iões para medir a concentração de potássio em alfafa. *Crop Science*, Madison, v.40, p.772-777, 2000.
KIST, S. L. *Suprimento de potássio em argissolo com histórico de adubaçao potássica*. 2005. Dissertaçâo (Mestrado em Ciência do Solo) - Universidade Federal de Santa Maria, Santa Maria.
LOPES, M. C.; STRIPARI, P. C. Produçâo de hortaliças em ambientes

protegidos: condições subtropicais. In: GOTO, R.; TIVELLI, S. W. Produçâo de hortaliças em ambiente protegido: condições subtropicais. Sâo Paulo: Ed. UNESP, 1998.
LOPES-ASSAD, M. L.; ROSA, M. M.; ERLER, G.; CECCATO-ANTONINI, S. R. Solubilizaçâo de pó-de-rocha por *Aspergillus Níger. Espaço & Geografia*, Brasília, v. 9, n. 1, p. 1-17, 2006.
MAAS, E.V.; HOFFMAN, G.J. Crop salt tolerance - current assessment. *Journal of Irrigation and Drainage Division*, Hamilton, v.103, p.115-134, 1997.
MACÊDO, L.S. Efeitos de níveis de água e da fertirrigação potássica no crescimento, produção e qualidade de frutos de tomateiro em estufa. *Ciência e Agrotecnologia,* Lavras v. 29, p.296 304, 2005.
MALAVOLTA, E. *Manual de nutrição mineral de plantas*. Piracicaba: CERES, 2006.
MALAVOLTA, E. Potássio: absorçâo, transporte e redistribuiçâo na planta. In: YAMADA, T.; ROBERTS, T. L. (Ed.). *Potássio na agricultura brasileira*. Piracicaba: Instituto da Potassa e do Fosfato; Instituto Internacional da Potassa, 2005. p. 179-230.
MALAVOLTA, E.; VITTI, G. C.; OLIVEIRA, S. A. *Avaliação do estado nutricional das plantas: princípios e aplicações*. 2. ed. Piracicaba: POTAFOS, 1997.
MALAVOLTA, E.; VITTI, G. C.; OLIVEIRA, S. A. *Avaliaçao do estado nutricional das plantas:* princípios e aplicaçoes. Piracicaba: POTAFOS, 1989.
MARSCHNER, H. *Mineral nutrition of higher plants*. 3nd ed. Londres: Academic Press, 2011.
MARTIN, P. Transporte a longa distância e distribuição de potássio em plantas cultivadas. Métodos de pesquisa de K em plantas. In: COLÉGIO DO INSTITUTO INTERNACIONAL DO POTÁSSIO, 21., 1989, Berna. *Actas...* Berna: Instituto Internacional de Potássio, 1989. p. 83-100.
MARTINS, E. S.; OLIVEIRA, C. G.; RESENDE, A. V.; MATOS, M. S. F. Agrominerais Rochas silicáticas como fontes minerais alternativas de potássio na agricultura. In: LUZ, A. B.; LINS, F. A. F. *Rochas & minerais industriais*: usos e especificaçöes. 2. ed. Rio de Janeiro: CETEM/MCT, 2008. p. 205-222.
MASCARENHAS, H.A.A.; TANAKA, R.T.; CARMELLO, Q.A.C. Calcário e potássio para a cultura de soja. *Scientia Agricola*, Piracicaba, v. 57, n. 3, p.445-449, 2000.
MELLO, F. A. F.; BRASIL SOBRINHO, M. O. C.; ARZOLLA, S. *Fertilidade do solo.* São Paulo: Nobel, 1989.
MILLER, C.H.; MC COLLUM, R.E.; CLAIMON, S. Relações entre o crescimento de pimentões (Capsicum annum L) e o acúmulo de nutrientes durante a ontogenia em ambientes de campo. *Journal of American Society of Horticultural Science*, Nova Iorque, v. 104, n.6, p. 852-857,1979.
MILLER, J.E.; HOFMANN, P.S.; BERRY, R.K. Physiologycal and nutritinal responses of five citru rootstocks to potassium. *Journal of the southern African society for Horticultural Science,* Pietermaritzburg, v. 3, n.1, p.20-23, 1993.
MILLS, H. A.; JONES JUNIOR, J. B. *Plant analysis handbook II*. Athens: Micro

Macro Publishing, 1996.
MONTOYA, R.B.; SPINOIA, A.G.; GARCIA, P.S.; PAREDES, D.G. *Demanda de potássio do tomate tipo saladette*. Disponível em: <http://www.chapingo.mx/terra/contenido/20/4art391-399.pdf.> . Acesso em: 18 dez. 2014.
MORAES, I. V. M. *Cultivo de hortaliças:* dossiê técnico. Rio de Janeiro: Rede de Tecnologia do Rio de Janeiro, 2006.
MORAES, S. R. G.; POZZA, E. A.; ALVES, E.; POZZA, A. A. A.; CARVALHO, J. G.; LIMA, P. H.; BOTELHO, A. O. Efeitos de fontes de silício na incidência e na severidade da antracnose do feijoeiro. *Fitopatologia Brasileira*, Brasília, v. 31. p. 69-75, 2006.
MOREIRA , M.A.; VIDIGAL, S.M. Diagnostico de nitrogenio por medidores portateis para uso na cultura do repolho. Viçosa: *EPAMIG,2008.* (Circular Técnica n.53).
NASCIMENTO, M.; LAPIDO-LOUREIRO, F. E. V. *Fertilizantes e sustentabilidade*: o potássio na agricultura brasileira, fontes e rotas alternativas. Rio de Janeiro: CETEM/MCT, 2004. (Série Estudos e Documentos, 61).
NASCIMENTO, M.; MONTE, M. B. M.; LOUREIRO, F. E. L. Agrominerais: potássio. In: LUZ, A. B.; LINS, F. A. F. *Rochas & minerais industriais*: usos e especificações. 2. ed. Rio de Janeiro: CETEM/MCT, 2008. Cap. 8, p. 175203.
NEIVA, L. C. S. *Influência do potássio sobre a economia de água de quatro cultivares de arroz submetidos a déficit hídrico*. 1977. 45 f. Dissertaçao (Mestrado em Fitotecnia)- Universidade Federal de Viçosa, Viçosa, MG, 1977.
OLIVEIRA, F.A.de; CARMELLO, Q.A.C.; MASCARENHAS, H.A.A. Disponibilidade de potássio e suas relações com cálcio e magnésio em soja cultivada em casa de vegetaçäo. *Scientia Agricola*, Piracicaba, v.58, n.2, p.329-335, 2001.
PAPADOPOULOS, A. P. *Cultivo de tomates em estufa no solo e em meios sem solo.* Ottawa: Agriculture Canadá Publication, 1991. Disponível em: < http://www.hydrogardens.com/PDF%20Files/Growing%20GH%20Tomates. PD >. Acesso em: 5 jun. 2015.
PAULA JÚNIOR TJ; VENZON M. 2007. 101 culturas: Manual de tecnologias agrícolas. Belo Horizonte: EPAMIG. 800p.
PRADO, RM; SANTOS, VHG; GONDIM, ARO; ALVES, AU; FILHO ABC; CORREIA, MAR. Crescimento e marcha de absorção de nutrientes em tomateiro cultivar Raísa cultivado em sistema hidropônico. *Semina: Ciências Agrárias,* Londrina, v. 32, p. 19-30, 2011.
QIAN, P.; SCHOENAU, J.; GREER, K.J. Extração rápida e determinação de potássio em seiva fresca de folhas e seu uso como guia para fertilização potássica de canola, grão-de-bico e girassol anão. *Communications in Soil Science and Plant Analysis*, Nova Iorque, v.26, p.2903-2912, 1995.
RAIJ, B.; CANTARELLA, H.; QUAGGIO, J.A.; FURLANI, A. M. C. *Recomendaçoes de adubaçao e calagem para o Estado de Sao Paulo.* Boletim Técnico N° 100. 2ª ediçao. Campinas: IAC, 1996. 285 p.

RAVINDER, S.; KOHLI, UK; KANWAR, HS; SINGH, R. Tomato fruit quality as influenced by different nutrient regimes. *Himachal Journal of Agricultural Research, Índia, v.* 25, p. 37-42, 2001.

RIBEIRO, A. C.; GUIMARÀES, P. T. G.; ALVAREZ V. V. H. *Recomendaçoes para o uso de corretivos e fertilizantes em Minas Gerais*: 5ª aproximaçao. Viçosa, MG: Comissão de Fertilidade do solo do Estado de Minas Gerais, 1999. 180 p.

ROQUEJANI, M.S.; MELO, A. M. T de; SHIRAHIGE, F. H.; MELO, P. C. T de; PURQUERIO, L. F. V. Produtividade e qualidade de híbridos de tomate dos segmentos italiano e santa cruz em ambiente protegido. 2008. In: FAPESP. *Anais eletrônicos...Campinas: IAC*. Disponível em:<http://www.iac.sp.gov.br/areadoinstituto/pibic/anais/2008/Artigos/RE0800020.pdf>. Acesso em: 15 jul. 2015.

SANTOS, M. C. *Efeito de diferentes doses de Silício, nitrogênio e potássio, na incidência de traça-do-tomateiro, pinta preta e produtividade de tomate industrial. 2008. 74* p. Dissertaçâo (Mestrado em Ciências Agrárias) - Faculdade de Agronomia e Medicina Veterinária, Universidade de Brasília, Brasília.

SARA MEJÍA, M.T., EDGAR, I., ESTRADA, S., FRANCO, P.M. Respuesta Del tomate chonto cultivar Unapal Maravilla, a diferentes concentraciones de nutrientes. *Ata Agronómica* (Colômbia), v.56, n.2, p.75-83, 2007.

SARRUGE, J. R.; HAAG, H. P. *Análises químicas em plantas.* Piracicaba: ESALQ - USP, 1974.

SARRUGE, J.R. Soluções nutritivas. *Summa Phytopathologica,* Jaguariuna, v.1, p. 231-233, 1975.

SILVA, F. C. (Org.). *Manual de análises químicas de solos, plantas e fertilizantes.* Brasília: EMBRAPA, 1999.

SILVA, N.M.; CARVALHO, L.H.; QUAGGIO, J.A. Ensaio de longa duraçâo com calcário e cloreto de potássio na cultura do algodoeiro. *Bragantia*, Campinas, v.54,p.353- 360,1995.

SINGH, AK; SHARMA, JP; SINGH, RK. Effect of variety and level of nitrogen on fruit quality of tomato hybrid (*Lycopersicon esculentum* Mill.). *Journal of Research, Birsa Agricultural University, v.12, n.2, p.* 205-208, 2000.

SMART, R. E. et al. Modificação do microclima do dossel para a cultivar Shiraz. I. Definição de microclima de copa. *Vitis*, Landau, v. 24, p. 17-31, 1985.

TABER, H.G.; LAWSON, V. Utilização de seiva diluída de pecíolo de tomate para medição de potássio com o medidor de eléctrodos de Cardy. *Communications in soil science and plant analysis*, Nova Iorque, v.38, p.713-718, 2007.

TAIZ, L.; ZEIGER, E. *Fisiologia vegetal.* 5. ed. Porto Alegre: Artmed, 2013.

Van STRAATEN, P. *Agrogeology*: the use of rocks for crops. Cambridge: Enviroquest Limited, 2007.

VILLA, M. R.; FERNANDES, L. A.; FAQUIN, V. Formas de potássio em solos de várzea e sua disponibilidade para o feijoeiro. *Revista Brasileira de Ciência do Solo*, Viçosa, v. 28, p. 649-658, 2004.

WARD, G. M. Growth and nutrient absorption in greenhouse tomato and cucumber. *American Society Horticultural Science*, Alexandria, v. 90, p. 335341, 1967.
WARNER, J; ZHANG, TQ; HAO, X. Efeitos da fertilização com azoto na produção e qualidade dos frutos do tomate para processamento. *Canadian Journal of Plant Science,* Ottawa, v.84, p. 865-871, 2004
WOOD, R.; PARISH, M. The Mechanisms and Viticultural Factors Governing Potassium Accumulation in the Grape Berry - Part 1. *The Australian e New Zealand Grapegrower e Winemaker 2003 Annual Technical* Issue. Capturado em 20 jun. 2014. Online. Disponível em :www.winenet.com.au/articles/ WineNetwork_Potassium_RW-MP03.pdf..
YOUSSEF, AM; El-FOULY, AHM; YOUSSEF, MS; MOHAMEDIEN, SA. Efeito do uso de fertilizantes orgânicos e químicos no sistema de fertirrigação sobre o rendimento e a qualidade dos frutos do tomate. *Egyptian journal of horticulture,* Cairo, v. 28, p. 5977, 2001.
ZENG, Q.; BROWN, P. H. Soil potassium mobility and uptake by corn under differential soil moisture regimes. *Plant and Soil,* Dordrecht, v. 221, p. 121134, 2000.

MIX
Papier aus verantwortungsvollen Quellen
Paper from responsible sources
FSC® C105338

Printed by Books on Demand GmbH, Norderstedt / Germany